室内设计纲要

概 念 思 考 与 过 程 表 述

Introduction To Interior Design

Conceptual Thinking And Process Formulation

叶 铮 著

U0366259

中国建筑工业出版社

图书在版编目（CIP）数据

室内设计纲要：概念思考与过程表述/叶铮著．—北京：
中国建筑工业出版社，2010.10 （2022.10重印）
ISBN 978-7-112-12015-4

Ⅰ．室…　Ⅱ．叶…　Ⅲ．室内设计　Ⅳ．TU238

中国版本图书馆 CIP 数据核字（2010）第 067723 号

责任编辑：徐　纺
版式设计：赵鹏程

室内设计纲要：概念思考与过程表述
叶铮　著
＊
中国建筑工业出版社出版、发行(北京西郊百万庄)
各地新华书店、建筑书店经销
上海利丰雅高印刷有限公司制版
临西县阅读时光印刷有限公司印刷
＊
开本：889×1194 毫米　1/16　印张：14¾　插页：2　字数：480 千字
2010 年 10 月第一版　　2022 年 10 月第九次印刷
定价：**128.00** 元
ISBN 978-7-112-12015-4
　（19285）
版权所有　翻印必究
如有印装质量问题，可寄本社退换
（邮政编码　100037）

在视觉世界中，孕藏着一切智慧。

设计，便是视觉智慧的集大成者。

本书的问世，一直以来，都被视为不太可能。但，却已成真……

它就像来自天外的启蒙。是神奇力量与人类对真理不倦探求的产物。

它解亮了已久的混沌，使更多后来者，有可能加快步入杰出设计家的行列。

这便是本书的价值。

题记

设计，是唯物的，也是唯心的。
因为，设计是由唯物和唯心组成。
设计，通过唯物，表达唯心。
因此，设计归根结蒂是唯心的。

本书，是站在设计唯物的视角，来剖析设计。
何为设计唯物呢？
设计唯物就是以一种理性的思维，由表及里地来洞察设计的内涵，条理地分析归纳其潜在规律，并形成有效的方式方法来服务于设计。
凭借设计唯物，反映出设计者在专业上的认知深度及广度。同时亦是迈向成熟设计的有效路径，是设计唯心的专业保障。
是"智"的产物。

设计唯心，在本质上是以一种心灵感悟与道德判断来引领神圣和崇高，是品格与信仰的表现，是设计存在价值与意义的体现，是设计精神的播撒和终极体验。
是"善"的产物。

设计，仍由唯物与唯心两大层面构成。
设计，若没有了"唯物"，则沦为初生的原始状态。
设计，若没有了"唯心"，则沦为艳俗的涂脂抹粉和空泛的形式躯壳。
因此，设计仍是"智"与"善"的合一。
丢失了"善"的"智"，是堕落。
丢失了"智"的"善"，是愚钝。

叶 铮
2009年10月1日

前言

本书的初衷

如果按20周年"室内学会"的庆典为标志，全国的室内设计已步入了青年时期。在快速发展的庞大表象下，存在着许多的问题及误区。这首先反映出理论探究在室内设计界的极度匮乏，尤其是受当下商业化浪潮的侵袭，大多数室内设计师，甚至那些全国颇具名声的设计师们，凭借自身优厚的感性天资，一路走到今天……但，作为本能的感性，始终将其整体水准保持在感性的限度内而得不到质的提升。这就是目前室内设计界普遍存在的问题。这样的问题，缘于对室内设计仅作为个体天资与艺术感觉发挥的认识误区，是室内设计衰退的开始，如此误区的后果，更是成为抑制设计进步的副作用。

敏锐的感性培养固然重要，但在感性基础上，作设计思维与方法论的研习却更为重要。如此，能使设计在理性的平台上，进入到更高一层的感觉体验。本书就是多年来著者在大量实践与感性基础上，所做出的专业思考与独白，并以设计唯物的方式方法来进一步梳理室内设计的规律。旨在用一种学术的研究态度与方式来取代单凭个人感觉与本能发挥的执业态度，使设计真正迈入方法论的学术轨道而不断推进。

这便是撰写本书的初衷。

本书的切入

虽说室内设计在当代中国还是刚满20岁的青年，在世界范围内也只有百年历史，但室内设计这一行业在有意无意间已发展为一部极为丰富漫长的历史。其间，设计风貌千差万别，特别是这一百年中的变迁，更是表现出爆炸性的发展。

但撇开手法风格各异的外观体验，更多使人们看到专业水准的极大落差，最终在众多良莠不齐的设计作品中，不难发现一个普遍现象，即："凡是做得不好的设计，是各有各的不好；凡是做得好的设计，却有着相同之处"。如此说法听来非常耳熟，具有相当的类比性，在此却十分适宜。这，又是为何呢？

诚然，面对众多优秀的设计典范，或许我们已无法知晓这些设计是怎样开始的。但通过其作品和最终的表述途径，使得我们得以叩开研习探究室内设计之门。让我们发现这些成功案例的最终效果之物化途径，有着异曲同工之归宿，并且其手法途径是可被提取吸纳的。这恰是设计唯物的思想立场。

除去唯心层面，设计唯物由两大层面的内容组成：一是操作层面的技术保障；二是思维层面的方法剖析。

在此研究的是第二层面的方法论。其本质就是剖析物化设计所经历的必由途径，提取出成功的设计所必须依托的那些途径方式。它可以是某项技术手段，或者是特定的材质媒介，更可以是某种空间认知的表述途径和过程方式等等。

采用如此方法，可帮助我们以最直接的理性方式，来领悟提高自身的专业水准。继而站在前人及同代人的集成智慧上，以这种专业的方式方法，学究式地来面对室内设计。这就是本书研究的切入点："他人之成功，是我们的开始"。

我们开始关注：优秀的设计将会通过怎样的物化路径呢？又是怎样的路径方能保障一个优秀设计得以产生呢？

本书试图回答这两个问题。

第一个问题，回答的是室内设计中的概念问题，即哪些因素决定着室内设计的最终效果。

第二个问题，回答的是室内设计中的过程和方法问题。

两大问题反映出"是什么"和"怎么做"的基本命题。

"是什么"解决了一个好的设计所具备的专业因素。

"如何做"解决了这些专业因素是怎么通过某种方式方法被体现和完成的。

两大问题分别构成了本书的上篇和下篇。

上篇：室内与概念，详述了室内概念的构成内容；

下篇：过程与表述，详述了室内设计的思考程序及对思考成果的表述方式。

目录

目录

上篇 室内与概念

第一章 概念的构成

图1-01 欧洲古典风格

第一章 概念的构成

1.关于概念

概念在设计中是一极为宽泛的用词。它可以由多样化的内涵与表现形式组成。

概念，可以是某种思想观念的表达，亦可以是某种传统文化的感性显现，抑或是某种要素的强化扩大，甚至是出奇制胜的奇思妙想等等。但，种种"概念"都不能完全决定设计的最终效果与成败。好比在同一概念命题下的学生习作，即使概念的始发一致，但结果是各不相同，反映出来的水准也更是因人而异，这又是为何呢？因为决定空间设计的优劣效果，除功能等内容之外，主要表现为视觉因素。恰恰是这种视觉因素的支配作用，决定着室内设计的专业概念，故称之为视觉概念，这也是本书针对"概念"之说的真正内涵。可以说，探讨物化设计的途径，就是探讨构成物化途径的视觉概念，对此进行剖析是本篇的核心。

2.概念构成

2-1 空间专项

什么因素能成为室内设计概念中的视觉因素呢？归纳起来有七大方面的内容。它们分别是空间结构、空间造型、界面装饰、空间色彩、空间材质、空间照明、活动陈设。

有一点需加说明，并非七条之总和才能构成室内设计的概念，而是七大方面中的任意一项视觉因素，只要有足够清晰的表达强度，都有可能成为室内设计的概念。在此，这种反映视觉因素的概念被称为概念（一）。

概念（一）所体现的是室内视觉概念中第一个构成内容：即"空间专项"

由于空间结构、空间造型、界面装饰往往难分彼此，相互交织。因此又统称为"空间构形"，空间构形在以后章节中另有详述。

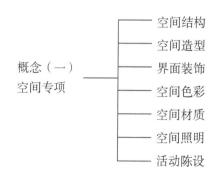

概念（一）
空间专项

- 空间结构
- 空间造型
- 界面装饰
- 空间色彩
- 空间材质
- 空间照明
- 活动陈设

2-1-1 空间结构

室内设计的首要问题，是对空间的理解问题。由于对空间的认知是一个极为抽象漫长的过程，因此也成为七大专项概念中最难深入掌握的一大专项。空间，本质上是一种负形的存在，是一种抽象的观念，或者说是一种可视（空间）关系的逻辑秩序。空间的物质显现是需要依靠正形才得以体现，同时还需要依靠材料（色彩）、光影等因素的共同作用。对设计师而言，空间的理解是伴随专业生涯始终的。

在此，我们将空间结构分为"空间选型"和"二次空间"两部分组成，而空间选型又可细分为五类；二次空间可细分为平面结构和立体结构（此后另有详述）。

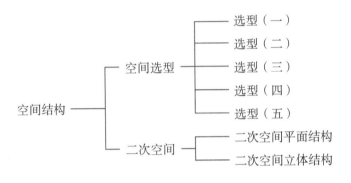

图1-02 中国传统风格

2-1-2 空间造型

假如说空间是一个抽象的形式与逻辑概念，那么，造型则是具象的视觉要素，并持有相对独立性，是正形的概念。造型的价值是人们对空间感知的物质媒介，如同人类对空间的索求一般，对形的探索更是历来设计史上的主要课题，是设计概念发展的重要标志，更是地域文化的时代产物。（见图1-01、1-02、1-03、1-04）。

站在建筑的范围内，形的概念大于空间的概念。因为空间也是一种形，同时形又是空间的容器。因此，建筑师，或是室内设计师，对形的探讨都成为永久的话题。

在此，我们将空间造型细化为"空间形"、"独立形"、"界面形"、"构架形"、"板盒形"五大类型（此后，另有详述）。

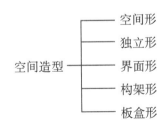

图1-03 西方古典柱式

2-1-3 界面装饰

　　有形体就有界面，有界面则有装饰补白。界面装饰是最具有风格特征和时代印记的视觉要素，通常扮演着传递文化信息的媒介角色。在室内设计中，界面的存在往往伴随着不同的装饰概念，是设计概念中极具灵性与艺术含量的专项内容。界面依附着空间造型中的每一个表面，由此，依附性又成了装饰性之后的一大特性。而这一特点又体现出界面装饰的两种形式：即装饰作为填充补白的媒介，其形式可以是平面化的图案、图形，也可以是立体化的图案、图形（见图1-05、1-06）。

界面装饰 ——┬—— 平面图案、图形装饰填充
　　　　　　└—— 立体图案、图形装饰填充

图1-04 伊斯兰风格

图1-05 古罗马界面装饰

图1-06 现代界面装饰

图1-07 黄色的主色调

2-1-4 空间色彩

色彩几乎是最易打动人眼球的，对色彩的反映几乎是人类最原始最本能的反应。在空间众多的视觉专项中，色彩更是能够以最快捷的速度、被人们感知感染的视觉概念，除了它快捷优先的特点之外，同样亦是人们在空间各要素中，记忆保鲜时间最持久的因素。我们经常对所到之处的具体造形记忆已模糊不清，但是对该处的色彩仍会保持深刻印象，这便是色彩之魅力。色彩对空间环境不仅提供了视觉的愉悦，更对调节人们的情绪、体现空间的氛围，有着明显的效应。同时，色彩一旦被揉入空间环境中，除了它自身的特征外，更对空间秩序感的梳理起到重要作用。

因此，色彩表现力的直接、显著特点使其最能被设计师所青睐。同样，色彩亦是在赢得空间效果的体验中最为廉价的媒介手段。和谐的色彩，如同经典的造同型与比例，会提供给人们无限持久的体验和陶醉，让人们百看不厌（见图1-07、1-08、1-09、1-10）。

图1-08 使用对比色彩构成区域划分

图1-09 红与灰的组合

图1-10 白与蓝的空间组合（锦江之星天津南开店）

2-1-5 空间材质

　　材料在当代空间设计概念中的地位已日趋上升，是室内设计七大专项中发展最迅猛的一项。这不仅是因为人类对空间和造型的认识发展是一个相对缓慢的历程（约2000年为一个质的跨度），而将概念的突破指向设计用材，却有效得多。同时，现代科技对材料的革命性研发，又为建筑师和室内设计师们创造性地选取设计用材，提供了更为宽广的可能。如今，大量室内设计借助对材质的出色运用，来展示空间的魅力。材料的质感肌理，已成为传递空间表情和特色的主要方式，特别是针对材质性格的研讨，几乎成为当下设计的一大趋势（见图1-11、1-12、1-13、1-14）。如同色彩一样，材质在空间中的分配，更递进了空间感的逻辑关系。

图1-12 自然材质的结合

图1-13 石块的魅力

图1-14 木材的温馨

图1-11 细腻的清水混凝土（锦江之星上海青浦店）

图1-15 主题性照明（锦江之星武汉建设大道店）

2-1-6 空间照明

没有光，便没有空间，光始终被视为空间的灵魂。

图1-16 瑰魅夜总会变换的灯光色彩

空间是光的容器。光不仅赋予了空间的照明功能，更赋予了空间各种氛围。对光影的使用，使得空间概念得以进一步诠释，能使空间更有亲和

图1-17 洗墙照明（锦江之星天津塘沽店）

力和层次感。照明是室内七大专题中最有技术含量的因素，照明设计是技术与艺术在空间设计中的完美融合。设计师与灯光产品的关系，犹如医生与药剂产品的关系那样，设计师首先需要清楚光源的各种技术数据，就如医生对药物作用的深切把握那样。如此，才能体现出好的照明设计概念。

一个出色的照明概念，可彻底改变其原有空间，祛平庸，显新生（见图1-15、1-16、1-17）。

由于色彩、材质、照明的显现，必须有赖于空间形体与界面的存在，所以又被归结为空间的非独立元素。这种非独立元素，只有在具体的空间设计中，被分配在不同的空间部位和界面时，才显示出自身的作用与效果。因此，色彩、材质、照明分别成为体现空间的多项非独立专业要素。

2-1-7 活动陈设

陈设，是和室内设计联系最为紧密的专项设计内容。传统的室内设计，几乎就是陈设设计。因此，陈设设计在室内设计中的比重与地位，也几乎同空间设计平分秋色。

尤其是室内空间被限制在难以施展的客观条件下，许多陈设的运用，将担当起室内设计的主角地位。活动陈设的内容种类繁多，有家具、灯饰、工艺品、装置、植物、织物……陈设，同时又是最能体现文化特色及地域风格的设计专项。如同装饰一般，陈设也是空间中最富艺术创造力，并能体现设计师综合修养的舞台。精彩的陈设设计概念，照样能改变空间的不足和平庸，而为其增辉添彩（见图1-18、1-19、1-20、1-21、1-22）。

图1-20 以陈设为主导的大堂设计（锦江之星天津八纬路店）

图1-18 陈设担当起室内设计的主角

图1-19 精彩的陈设能改变空间的不足与平庸

图1-21 背景墙的主题性陈设

图1-22 陈设组合概念（光大国际会展中心大酒店大堂西餐厅）

2-2 抽象关系

如果讲，构成室内空间专项的七大概念是一个相对具体化的对象，那么，构成室内概念的另一大方面就是空间的"抽象关系"。进而言之，此概念存在于空间视觉设计专项的配置组合关系中，它是一种"关系"的反映，故称作"抽象关系"。在此又被叫为概念（二）。

概念（二），总体上包括"层次"的介入，和"比例"的控制。即层次与比例的抽象关系。

层次，指的是某种视觉因素的介入，即对比的概念。

比例，指的是对层次的平衡与控制，即和谐的概念。

本节内容，此后另有详述（见图1-23）。

图1-23 抽象关系分析图

$$概念（二）抽象关系 \begin{cases} 层次（对比因素） \\ 比例（和谐因素） \end{cases}$$

2-3 风格样式

风格样式是构成室内设计概念的第三部分内容，是建立在前两类概念基础上的。倘如我们将概念（一）所代表的空间专项视为空间的"语汇"，将概念（二）所代表的抽象关系视作空间的"语法"，那么同时整合概念（一）、（二）的"语汇"和"语法"的所有内容，便自然产生了概念（三）即空间的"语系"。

空间语系即为风格样式。是地域文化孕育的时代产儿。风格，是集空间概念的七大专项内容和空间构成的抽象语言关系之大成的设计概念。是时代与集体的概念积淀，是特定地域的图式遗产，是文化的视觉物化形式。在此，有一点需加说明，风格不应是指某人的"风格"，因为个体无风格可言，有的仅是某些视觉特色的个性罢了。

图1-24 现代主义风格

当我们在谈论中国的"明清风格"、抑或西方的"古罗马风格"、"巴洛克风格"……甚至是"现代主义风格"，它们无一不是汇集了众多的单项概念所构筑起来的风格样式。它们分别在造型上有概念特色、装饰上有概念特色、用材上有概念特色、陈设上有概念特色、照明上有概念特色，空间布局以空间组织的抽象架构上，更有概念特色。一句话，所有语汇和语法均可上升为主体概念的层面，如此，才成就了那些风格样式（见图1-24、1-25、1-26）。

2-4 主题设定

主题设定就是空间的主题性概念，是赋予空间某种预定的场景观念，具有叙事性、文学性、象征性等特点。

回顾概念的构成，如上所述，有语汇、语法、语系、主题四方面内容，即：

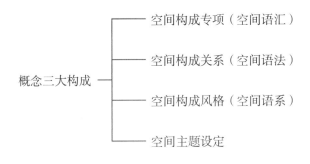

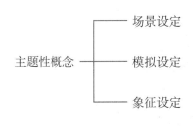

图1-25 西班牙皇宫，巴洛克风格

图1-26 传统苏州风格的现代演绎（锦江之星苏州店）

3.室内概念构成一览详表

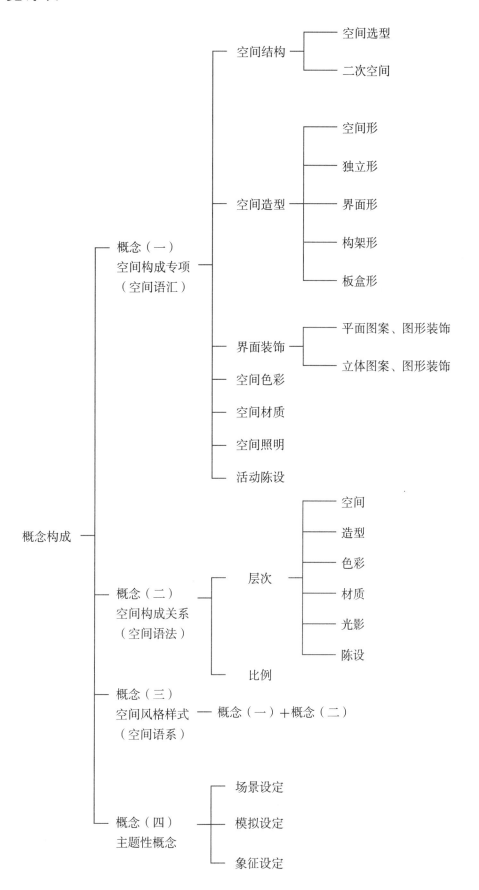

第二章 主体概念

图2-01 空间与造型主体概念（锦江之星共和新路店）

第二章 主体概念

1.关于主体概念

何为主体概念？简言之，就是在同一个设计项目的各视觉概念中，能成为主要或主导倾向的概念因素。每个室内环境设计，在整体上究竟要表达什么？追求什么？这都体现出空间的主体概念。而构成一个完整的空间，需要多样的视觉因素，或者称视觉概念，这些概念同时兼存，它们在空间中所显示的作用程度和比重是各不相同的。其中那些最具特色和整体影响力，并在众多概念中具有统领地位的概念，叫主体概念。相反，一个设计若没有主体概念，那么空间最终的感染力则相对平弱。

2.主体概念的构成

2-1 语汇与主体概念

构成主体概念的第一个组成部分，就是概念（一）中的空间专项，即视觉语汇。这也是视觉中最直接最便捷的选择。在空间七大视觉专项中，其中任意一项内容，只要在空间形象中拥有足够的主导作用与影响力，而成为整体

图2-02 材料主体概念

图2-03 界面装饰主体概念（锦江之星长沙五一大道店）

室内环境的特征标志时，均能由一般概念层次上升为主体概念的地位（见图2-01、2-02、2-03、2-04、2-05）。

它们可以是极具创意特点的空间主题、造型主题、装饰主题、色彩主题、材质主题、照明主题、陈设主题，更可以是该七大专项概念中，任意一个专项主题内容同其他任意一专项主题内容的进一步组合，所形成的（混合型）主体概念。

一旦形成概念中的主体内容，不论是单项型还是混合型，都可使设计的感染力更强烈，视觉信息更清晰，让人过目难忘。它们也许是因为某种材料质感的惊艳创意、也许是鲜明独特的色彩魅力、也许是陈设品设计的独具匠心、更或许是空间照明的生动效果、甚至是造型的有力个性与冲击力……如若是两个或多个单项组合所形成的（混合型）主体概念，其结果就是空间更具视觉冲击力和层次感。如：界面装饰与材质创新的整合、照明特色与色彩个性的融洽、抑或是动人的造型与精彩的陈设……（见图2-06、2-07、2-08、2-09、2-10、2-11、2-12）

图2-04 造型与材料主题概念

图2-05 空间主体概念（锦江之星沈阳南湖店）

图2-06 色彩与界面形主体概念的混合（锦江之星长春解放大路店）

图2-07 材质与陈设主体概念的混合

图2-08 色彩与陈设主体概念的混合

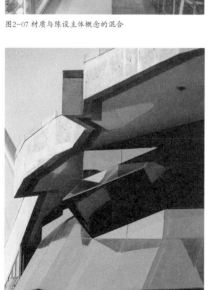

图2-09 造型与材质主体概念的混合

图2-10 色彩与造型主体概念的混合

图2-11 界面图形装饰与色彩主体概念的混合（锦江之星潍坊东风路店）

图2-12 造型与色彩主体概念（锦江之星泉山石潭店）

2-2 语汇与主体概念

构成主体概念的第二个组成部分，就是概念（二）中的抽象关系，即空间视觉语法。如此选择，同样可成为室内设计中的主体概念。与空间专项相比，其手法更含蓄更高级。大凡这样的室内设计，形成空间效果所在的，通常都不在乎每一具体的视觉对象，而更在乎其空间中物与物之间的构成关系。恰恰是这种内在的逻辑关系，将这种对比组合关系提升为室内空间设计的主要手段时，其抽象关系便成了当然的主体概念，是赢得空间最终感受的真正缘由。一般而言，为突出关系之核心地位，这类设计往往都将空间中的具体对象物，处理得尽可能的平朴简洁，以突显其概念中的构成关系。如现代建筑史上最具里程碑意义的作品，密斯·凡德罗设计的西班牙巴塞罗那世界博览会德国馆，就是典型的一例。该设计旨在以流动多变的空间语言，解放出传统中的封闭空间，结束了"空间是凝固的音乐"这一说法，使关系单一直接的静态空间变成为关系丰富多变的开放空间，并极大的增加了创新性层次的介入，形成新视觉、新空间、新秩序的体验（见图2-13、2-14、2-15、2-16、2-17）。

空间语法，即抽象关系，在此后另有详述。

图2-15 多变与层次流动

图2-13 丰富的层次变化（锦江之星芜湖店）

图2-16 通透与流动

图2-14 流动的空间层次（锦江之星海口店）

图2-17 巴塞罗那博览会德国馆，流动空间

2-3 语系与主体概念

空间语系,即概念(三),因作为主体概念的集大成者,而当然成为构成室内设计主体概念的第三大组成部分。

如前所述,语系,同时包含着语汇中七大部分所对应的七大主体概念和语法中构成空间抽象关系的主体概念。

因此,凡能成为语系风格的,定当是主体概念的某个时代和地域文化的显现(见图2-18、2-19、2-20、2-21)。

2-4 主题性设定与主体概念

作为主题性设定的"主体概念",就是在设计伊始,预先设定的主题性场景。它可以是对某类空间环境的模拟,如岩洞空间、雨林空间……可以是对某种特定年代的空间怀旧和当代诠释,如:新东方主义、工业革命遗风以及殖民文化的当代演绎,更可以是对某种自然之物或人造之物模拟,如:仿生设计中的花朵、贝壳、昆虫等形态模仿,抑或是某种设计中的象征隐喻等等(见图2-22、2-23、2-24、2-25)。

但是,在具体设计中,主题概念的成立并不回避视觉概念的表现,主题概念最终仍然需要通过视觉语汇的表述途径得以显现。因此,一般是主题概念和视觉概念共同构成设计的主体概念。

图2-18 古埃及风格

图2-21 哥特式风格

```
                  ┌─── 空间构成要素(语汇)→七大专项
                  │
                  ├─── 空间构成关系(语法)→抽象关系
主体概念构成 ───┤
                  ├─── 空间文化样式(语系)→风格体系
                  │
                  └─── 空间主题性设定 →叙事性
```

图2-22 西班牙某休闲酒吧以黑夜森林为空间主题

图2-23 伦敦碳酒吧以工业革命遗风为空间主题

图2-20 伊斯兰风格（西班牙格拉纳达阿尔罕布拉宫）

图2-24 瑞典斯德哥尔摩某地下岩洞的科幻空间主题

图2-25 西班牙建筑师高迪在圣家族教堂设计中应用仿生设
计手法，在室内空间中营造阳光下的树林之感

图2-19 ArtDeco风格

3.主体概念的起点

主体概念的建立，意味着空间设计有特色、有灵魂。不同的设计，主体概念的内容各有千秋，并非同处一样的起点高度，因而各持不同的专业层次。因此，对主体概念的评判亦不能等而视之。

通常"装饰"与"陈饰"这样的概念是最易成为主体概念的，包括"色彩"的概念。因为，它们获取主体概念的专业起点相对简单与直接，学术难度不大。相对而言，空间构型中的空间结构与造型内容，若被提升到主体概念时，则更将具有专业层次与学术价值。同样，对材质在空间中的创意使用，也反映出设计者相当的专业涵养，尤其是将空间抽象关系的运用，提升到主体概念的层次起点时，充分证明该设计的高起点与高水准。所以，主体概念构成，以语汇中单纯追求装饰为低，以语法中的抽象关系表现为高，以语系的集成表现为博，各呈不同的学术层次与起点。

4.主体概念的形成方式

主体概念的形成，同其他概念的形成相比，往往需要一个更加复杂艰辛的思考过程。有时，在设计伊始，便会有一个预期的明确方向，但更多情况下，主体概念的形成是从模糊混沌，逐渐到清晰明确，甚至是从开始毫无感觉，发展到最后明了肯定……由此可见，对主体概念的形成过程，就是"清晰了再清晰、有力了再有力"这样一种过程方式。以至于清晰到能用一简短的句子，或者是一个视觉公式，都可以将主体概念表达得明明白白。

假如无法用一句话，或一个视觉公式就能反映其主体概念的完整意图，则证明该设计仍然是概念模糊的，或者证明设计者还未能清晰地提炼出内藏的形式规律（后者往往是模仿者的困惑）。

如此强制性的提炼方式，能有效地帮助设计师不断地梳理自身的思考，用被提炼出来的主体概念，进一步返回到具体的设计环境中，来进行更加具体、更加贴切、更加细微的概念性梳理与发展，直到最后的清晰有序。

从中可以看出，概念的发展成熟是伴随着整个设计过程的始末，我们很难将主体概念分出方案和扩初这样的步骤阶段。我们往往有感于这样一种状况：当一个设计几乎被完成之际，对主体概念的认知方才是最为清晰完整之时。因此，从中所得到的启示是，针对每一设计，需要不断的自问总结，不断地提炼主体概念，直到彻底明晰为止。这就是主体概念的形成方式。

总结主体概念的特征，有如下三条内容：① 彻底性 ② 强化性 ③ 排他性

彻底性，将概念一用到底，贯彻全局。

强化性，将概念不断清晰，使之强调了再强调。

排他性，为突出其概念的主导地位，排除异己概念干扰。

第三章 空间构型

古典与时尚的造形组合（锦江之星金华店大堂）

第三章 空间构型

1.关于空间构型

　　空间构型、分别由"空间选型"、"二次空间"、"空间造型"、"界面装饰"等概念组成。由于它们之间相互交织，难以完全区分彼此，却又共同隶属于"空间型态"这一宽泛的概念范畴，在此被称作为"空间构型"。

　　纵观建筑设计的历史，真正推动设计发展的内在核心动力在于空间构型。所以，对空间构型的研究，才是深入到建筑、室内设计的关键本质。所以说，追踪设计主流方向，就是追踪研习空间构型的发展方向。空间构型的发展反映出空间变迁的自律性。

　　关于色彩、材质、照明、陈设等因素，都是建立在空间发展自律性之外，却又围绕着设计主流核心圈，并对空间构型起到补充、附助、配合等作用的空间因素。只有当主流核心的因素，在设计发展的某些时段显得相对滞缓疲软时，那些补充附加因素才显突出。同理，在具体室内设计中，若对空间构型的概念表述不够强烈突显时，那么设计自然会从其他因素中另辟蹊径。这也恰好说明，为何当某一风格走到后期时，往往会出现趋于类似色彩、装饰、甚至用材的丰富多姿的方向发展。

2.空间选型

　　空间选型与二次空间共同构成了"空间结构"，即对空间本意的纯粹认知。空间本意，它完全是一种抽象的认识概念，可被理解为方位与体量关系的逻辑和秩序，类似于组织架构的态势。

　　空间选型，描述的是空间在抽象状态下，各种不同空间类型的概念。它总体上反映出从古至今，人们处在不同历史阶段对空间的理解认知情况。在此，我们将这种理解认知，采用空间选型的概念，将它们分解出来，并划定为五大类型。

　　空间选型，是通过坐标轴的思维方式，从向度的立场来进行空间论述，具体方式如下。

假设在一水平面上,存在横竖两个向度。X、Y分别表示该平面上的横向轴和竖向轴。并且X、Y轴组成平面空间的水平向度,且经纬分明。

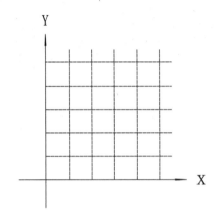

X:二维水平面横向轴

Y:二维水平面竖向轴

若在X Y之间,设立任意向度,即Y_1……Y_n向度

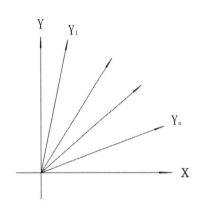

Y_1……Y_n二维水平面任一斜向向度。

若在水平面基础上,向第三纬度生长,即Z轴立体向度

则X Y $Y_{1\cdots n}$为平面水平空间向度,属于二维的空间概念。

而X Y $Y_{1\cdots n}$、Z为垂直向空间向度,属于三维的空间概念。

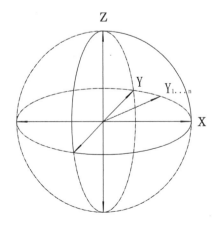

Z:三维垂直向度

若在三维空间中，设立任意向度$Z_{1x}\cdots Z_{nx}$或$Z_{1Y}\cdots Z_{nY}$向度

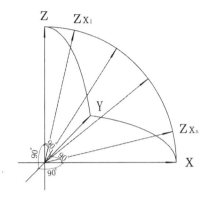

Z_{1x}为三维垂直向与二维X轴之任意向度。

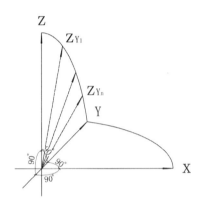

Z_{1Y}为三维垂直向与二维Y轴之任意向度。

那么，$X\ Y_{1}\cdots_{n}\ Z_{1}x\cdots_{n}x\ Z_{1Y}\cdots_{nY}$为三维任意向度的空间概念。

利用上述坐标原理，分析不同时期不同向度的空间发展概念。

第一时期：选型（一），对空间的认识是二维的、单一的、凝固的、围合的状态。

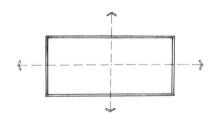

古典传统型空间概念
属X、Y向度

第二时期：选型（二），对空间的认识是三维的。但空间是流动的、开放的、多变的，且呈相互渗透的状态。

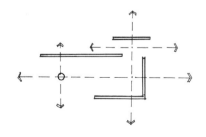

现代主义流动空间概念
多重矩阵叠合
属X、Y向度

第三时期：选型（三），对空间的认识仍然是二维的，但空间打破了经纬矩阵，形成了二维多意、成角的复合状态。

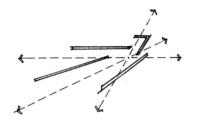

现代主义的模糊多意空间概念
属X、Y、$Y_1 \cdots_n$向度

总结上述三个时期，三种选型其共同点均是站在二维的思维方式中来认识空间，即空间只是二维平面在垂直向的增高而已，其空间水平剖切的正投影图（平面图）是完全一致的，这样的空间只需要观看平面图就能理解其空间全貌特征。所不同的，只是空间由静态封闭到开放流动，继而再发展到多意复合的模糊矩阵。总之，空间发展经历了从简单的抽象关系逐步过渡到复杂的抽象关系构成。

第四时期：选型（四），对空间的发展是突破性的阶段。空间，并非是二维概念的平面增高，而是不同平面在Z轴向度多重叠合的运动结果，是空间在三维概念中的变化，并时常伴随着明显的自然无机形态的特征。如此，对空间的表述与解读，同样不能仅限于对其平面图的认识。

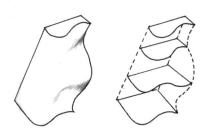

后现代的复合运动空间概念
属$X_{Y_1\cdots_n} Z_{1x}\cdots_{nx} Z_{1Y}\cdots_{nY}$三维多向度

第五时期：选型（五），站在三维的空间概念上，彻底打破空间的界面划分，使空间混然一气，无法辨别天、地、墙的分界，使空间具向延展性、轻量化、整体感的表皮概念特征。

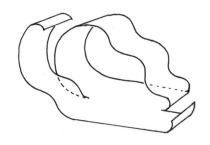

当代的表皮空间概念
空间更自然、时尚、轻盈、舒展……
属$X_{Y_1\cdots_n} Z_{1x}\cdots_{nx} Z_{1Y}\cdots_{nY}$三维多向度

继前三个时期之后，出现了三维多向度概念的空间形态，其共同的特征都能反映出全新的空间理念：空间不再是平面垂直竖立的结果，空间是自由发展的结晶，是无数平面垂直叠合的成果。而选型（四）和选型（五）的区别是，选型（五）的空间形态更趋自然状态，空间更加轻量弱化，空间感更为消解，而整体的延伸性和舒润感却大为加强，以致于界面的划分被明显弱化，表皮的运动感构成了新空间的特征。

五种空间选型，反映空间在五个不同时段的精神内涵与价值追求。

选型（一），古典空间：理性与征服（见图3-01、3-02）；

选型（二），流动空间：通透与开明（见图3-03、3-04、3-05）；

选型（三），多意空间：冲突与多意（见图3-06、3-07）；

选型（四），运动空间：激情与惊喜（见图3-08、3-09）；

选型（五），表皮空间：自然与时尚（见图3-10、3-11）。

图3-01 选型（一），古典空间

图3-02 选型（一），古典空间

图3-03 选型（二），流动空间

图3-04 选型（二），流动空间

图3-06 选型（三），多意空间

图3-07 选型（三），多意空间

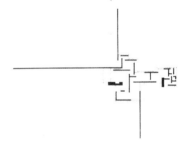

图3-05 选型（二），流动空间

图3-08 选型（四），运动空间

图3-09 选型（四），运动空间

图3-10 选型（五），表皮空间

图3-11 选型（五），表皮空间

3.二次空间

3-1 关于二次空间

站在室内设计的专业立场，如将建筑原状所提供的空间情况视为一次空间，那么室内设计所再次营造的空间状况就是二次空间。

但所谓的二次空间是一种抽象的空间组织架构，是一种编排和关系的存在，是一种抽象的概念。二次空间不包含任何具象的造型、材料、装饰、照明、陈设等视觉因素。

二次空间首先需解决两个基本问题。一是在原有一次空间的建筑条件下，进行合理的功能分区；二是在原有的建筑前提和功能分区的基础上，进一步组织出富有形式感觉的新空间秩序。

在解决这两大基本问题之后，继而需引伸出二次空间的抽象关系，使二次空间真正成为其他空间要素（语汇）的指导原则。至此，二次空间的使命方基本完成。

因此，二次空间是设计伊始的一个重要阶段，它的优劣为设计的后续推进起到关键作用。其首要价值就是综合平衡了空间功能与空间审美需求之间的关系，并能在现况限制的前提下，开创性地挖掘真正室内设计所面临的空间课题，为每个室内环境量身打造其特定的空间概念，二次空间的创建是设计师空间智慧的绝佳诠释。而二次空间的最终价值，还在于创建二次空间的抽象关系。因为它不仅是空间本身的组织架构与逻辑秩序的体现，更是指导其他空间专项进行空间分配的总基础和总原则。可以讲，没有二次空间的设计，是盲目的、破碎的设计。二次空间是空间概念的基础（这在以后的抽象关系中有更多详述）。

二次空间概念又可分为二次空间平面结构和二次空间立体结构（见图3-12）。

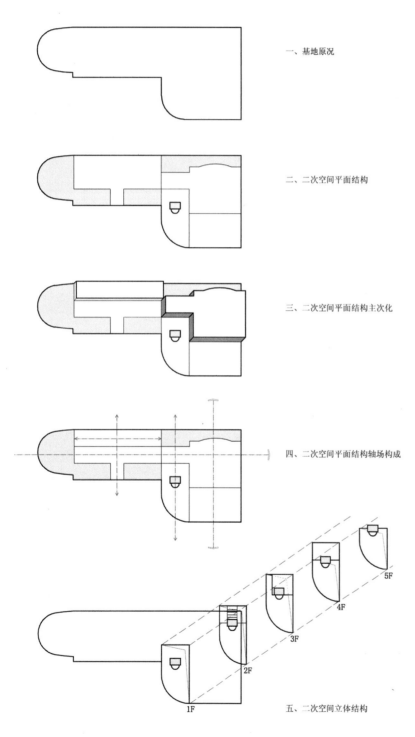

一、基地原况

二、二次空间平面结构

三、二次空间平面结构主次化

四、二次空间平面结构轴场构成

五、二次空间立体结构

图3-12 上海古北湾大酒店二次空间分析图

二次空间平面结构，着眼于解决空间在水平二维向度中所形成的结构秩序。尤其适宜于同一层面的空间组织关系。

二次空间立体结构，着眼解决空间在垂直三维向度中所体现的结构关系。特别适宜于不同层高的空间组织架构（见图3-13、3-14、3-15、3-16、3-17）。

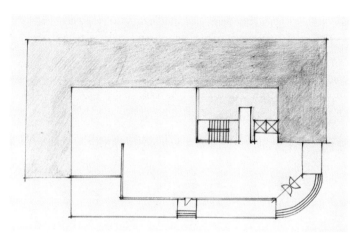

图3-15 建筑原况

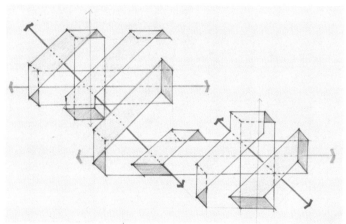

图3-16 二次空间立体结构

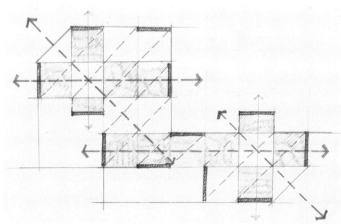

图3-17 二次空间平面结构

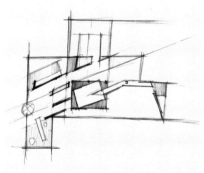

图3-13 二次空间平面结构

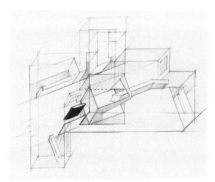

图3-14 二次空间立体结构

3-2 二次空间操作

二次空间操作大致如下。设计开始前,必须熟记原建筑的结构情况,即场地的了解过程,同时反复默写其空间关系,将一次空间的平、立、剖背熟于心。这是进行二次空间操作的先决条件,只有在熟知原况的基础上,方有可能萌生出种种具有创意的新空间概念。并能同时兼顾功能流程与空间美感的双重要求,形成空间设计的整体概念。如此概念一般都具有场地条件的独特性(见图3-18、3-19), 进而在该基础上,最终建立二次空间的抽象关系指导原则。

二次空间的形成与表达,并不需要关注空间上的细节,甚至是平面的具体布局,需要的仅是大体的空间安排关系。即便是单一空间,也只是空间区域感的再组织再分配。以至于会省缺大量活动家具的空间布置等。所表达的仅仅是空间选型,以及选型后空间的特定再现。如空间轮廓形象的建立、空间轴的重新确定和分配、空间引伸之抽象构成关系等,其表现手段纯属早期方案草图的形式范畴。通常都是急速的徒手线条图,经反复比较推敲,将二次空间的概念表现出来。重点解决空间"之间"的关系问题,以及空间本身的大致形态和尺度概念。如下所示的,是在同一建筑场地上,一组不同室内餐饮的二次空间设计案例(见图3-20、3-21、3-22)。

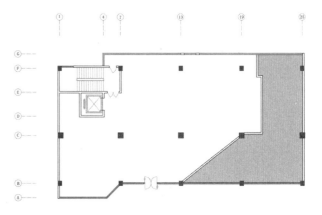

图3-18 建筑原况

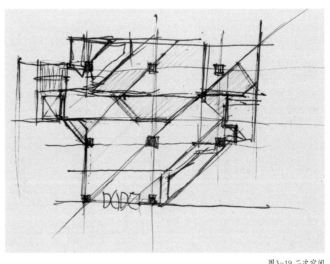

图3-19 二次空间

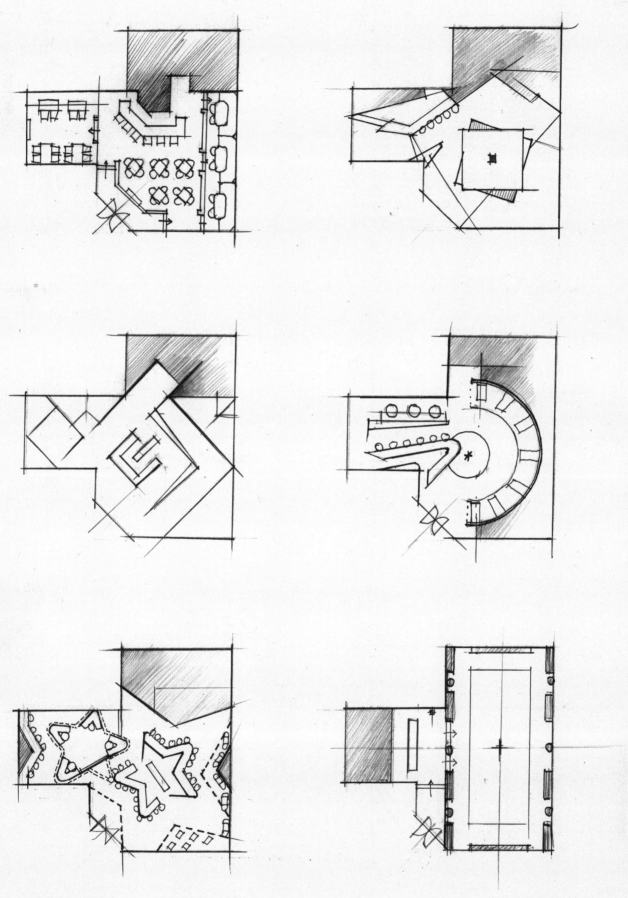

图3-20 同一建筑原况的不同二次空间

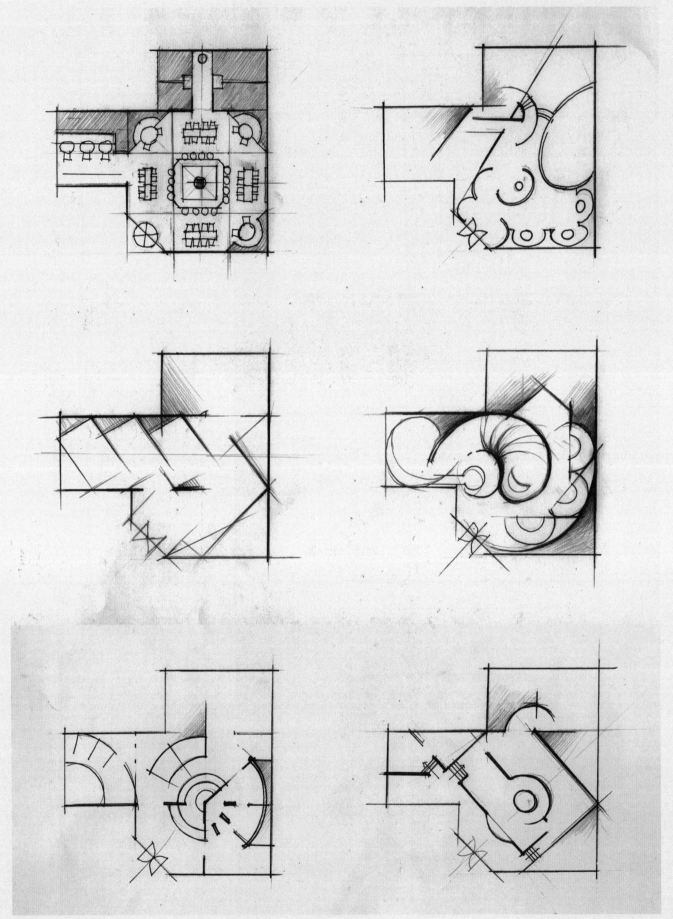

图3-21 同一建筑原况的不同二次空间

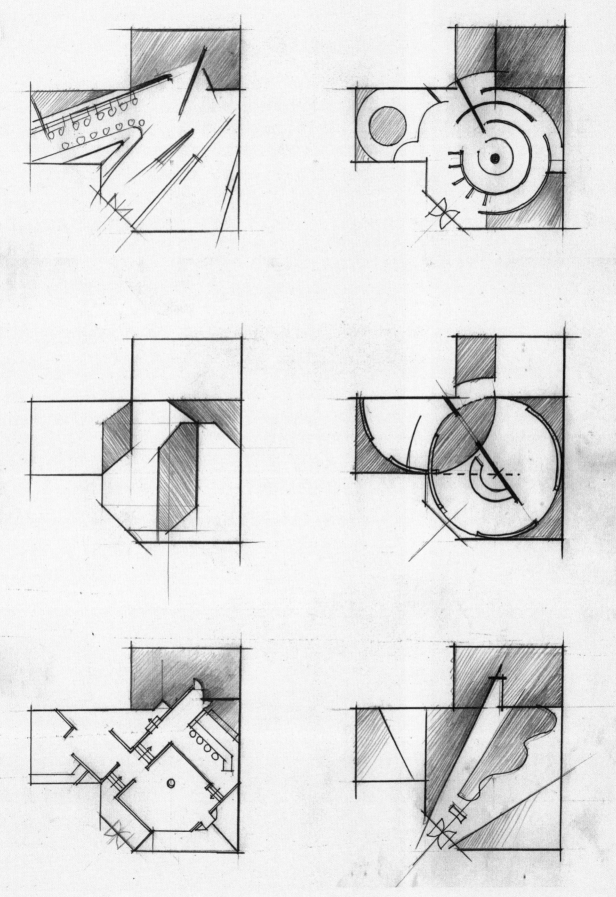

图3-22 同一建筑原况的不同二次空间

图3-24 空间形概念

4.空间造型

4-1空间与造型

抽象的空间组织需要具象的空间造型作为媒介来进行传达。空间有赖于造型得以显现，而造型同样需要空间得以存在。它们之间相互合一，互为依存。

实的空间为造型，虚的造型为空间。我们将形视为"正形"和"负形"。那么，空间即为负形，而负形又存在于正形的围合构筑之间。所以，对空间与造型的判断，即正形与负形的判断，是主观性的，并随判定者所站的立场不同而变化的。

空间，离不开造型。因此，对空间造型的研究，就是对空间概念的具体化发展。空间造型，虽千变万化，形像各异，但在现有的设计发展中，我们可将空间造型归结成四大类别，即"空间形"、"独立形"、"界面形"、构架形"。

4-2 空间形

空间形，就是整体空间的三维状态，也即是负形，是二次空间的具象化造形结果。事实上，任何空间都是在客 观上具备自身的形状，但空间形特指那些有明确设计概念的负形，并且是整体空间的总体形。往往空间有特点，就是负形有特点，且常以表皮空间的形式出现，无明显界面的分界（见图3-23、3-24、3-25、3-26）。空间形在选型中，通常以选型（四）、选型（五）为多。

图3-23 空间形概念

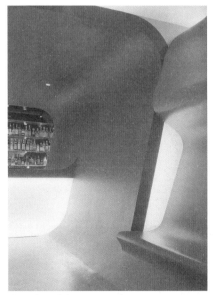

图3-25 空间形概念

图3-26 空间形概念，（锦江之星上海世博村店）

4-3 独立形

独立形系空间中的（正）形，纯粹的三维造形特征，具有极强的雕塑特点。能单独从空间环境中被提取出来，拥有独立的造型价值，并与空间环境呈对比、焦点态势，而不受制于界面的控制。

独立形与空间形的区别，前者为负形环境中的正形，它本身不能单独构成对空间整体形貌的描述，而空间形作为负形的存在形式，则能充分反映出空间形貌的整体特征。独立形在选型中，通常为选型（一）至选型（四）（见图3-27、3-28、3-29、3-30、3-31、3-32）。

图3-27 独立形概念，（锦江之星长春人民广场店）

图3-28 独立形概念

图3-29 独立形概念

图3-30 独立形概念（上海白玉兰宾馆）

图3-31 独立形概念

图3-32 独立形概念（锦江吴中路员工餐厅）

4-4 界面形

　　界面形，指空间中某一视向的界面所具有的造型变化，它包括因不规则卷曲与折叠所形成的表面起伏特征；或因裁切所构成的形状特征。前者，其形态起伏变化，完全受制于该界面的控制范围，无独立意义。这样的界面形，有时虽有一定的雕塑起伏感（一般为半浮雕性质），但其形之变化起伏，在整个界面中所占有的尺度比例相对较小，属于依从地位（见图3-33）。假设有一平整的界面，然后将其折叠或是卷曲之后，便产生了界面形（见图3-34、3-35、3-36、3-37、3-38、3-39、3-40）。后者，就是另一种界面形：对界面的外轮廓形进行有计划的裁切，以改变界面外观的形状特征（见图3-41）。假设有一平整的界面，然后对其进行裁切，便形成了新的界面形（见图3-42、3-43、3-44）。

图3-36 界面形卷曲

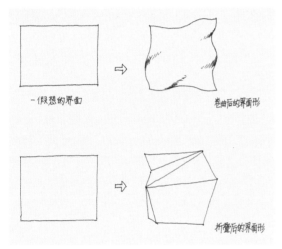

图3-33 界面形之卷曲或折叠

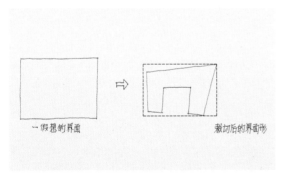

图3-41 界面形之裁切

图3-34 界面形折叠

图3-35 界面形折叠

图3-37 界面形卷曲

图3-38 界面形卷曲

图3-39 界面形折叠，（锦江之星银川鼓楼店）

图3-40 界面形卷曲，（锦江之星长春解放大路店）

　　界面形在空间选型中，常为选型（三）、选型（四）。界面形与空间形的区别在于，空间形是无边界的表皮界面，常表现为一张整体连贯的皮面延续。而界面形则表现为表皮界面之中的形态变化，并受界面范围的限制。

　　界面形与独立形的区别在于，独立形摆脱界面范围的限制，更具三维独立性质。而界面形无法独立于界面的限定框架，但界面形有时可依附于独立形和空间形之中。

图3-42 界面形裁切

图3-43 界面形裁切，（锦江之星郑州火车站店）

图3-44 界面形裁切（锦江之星上海淮海东路店）

4-5 构架形

构架形，就是以线型框架式，或排线式的构造来建构形态空间。最典型的莫过于东方传统的经典木结构造型（见图3-45、3-46）。如今，已将这种传统的结构形式，更多视为一种空间装饰手法来运用。构架形常以选型（一）、选型（二）为多。

图3-45 构架形

图3-46 构架形，（锦江之星北京大观园店）

4-6 空间造型的概念补充

4-6-1 板盒形

空间造型列举了四大类别的造形概念。事实上，设计中的造型有许多形式仍未被包括在内，甚至是大多数都不在此例，那是为什么？

空间造型中的造型是指在概念上有独特个性的形态设计，在整个设计中都可被视为主体概念这一层次来看待，而那些未能在空间的各专项概念中，被突显到主体概念这一层面的造型，均不被作为造型概念来加以讨论。而在四大类别之外的设计，客观上也同样以某种造形的姿态而存在（除去本身对造型概念没有明确的表达之外），其中不乏大量杰出的大师作品，尤其是现代主义风格的建筑设计，如安藤忠雄、戴维·齐普菲尔德等大师的空间造型，大都呈平直板块的盒状形式。其中，每一具体的造型体面，都被极简弱化到最低限度。因为，他们注意的不是造型本身的变化与魅力，而是整体空间的丰富与生动，是所有造型界面所共同构成的组合关系，这样的造型，我们概称为"板盒型"。其效果不在型，而在于关系的构成（见图3-47、3-48、3-49）。

图3-47 板盒形

图3-48 板盒形

图3-49 板盒形

图3-50 数个区域的独立正形，共存于一个大空间的负形之中，（锦江之星上海世博村店一层公共区域轴测图）

4-6-2 正与负的关系

空间与造型，是负形与正形的概念。但面对同一空间或造型，因其观察者所持的立场和位置不同，可完全得到不同的结论，即不同的正负判断。如前所指出的空间形和独立形的概念，面对同一设计内容，亦同样可作出不同的概念判定（见图3-50、3-51、3-52）。

这两个案例，都说明当观者身处局部空间的卷片之中时，你将会得出空间形的判断，而你身处卷片空间之外，以更为宽广的视野立场来审度该对象时，却又得出独立形的判断。因此，对空间与造型的认识，抑或空间形与独立形的判定，通常不具有一个唯一的硬性标准，而是由判断者所持有的立场而决定。正、负概念由此成为手心和手背的关系。

图3-51 不同的视点反映出卷盒包间不同的空间正负判定，（锦江之星天津南开店）

图3-52 锦江之星上海世博村店公共大堂区域视点，呈现出空间负形的关系

5. 界面装饰

室内设计，历来注重界面装饰，界面装饰曾经在历史上同室内设计等而视之，几乎成了室内设计的代名词。而不同时代和地域，都有自身特定的装饰风格（见图3-53）。关于装饰风格问题，不在本书的讨论范围内，在此要进行研究的是：作为界面填充的装饰表现。

界面装饰，其实是为丰富界面的外表表皮。人们需要填充这些界面，使之在视觉及内涵上更加丰富充实，以便承载更多的含义和信息，来突显空间的视觉效果。界面装饰，又可视为界面的填充，可分为两大部分。其一，平面的图案、图形装饰；其二，立面的图案、图形装饰。见下表。

图案和图形，既有联系，又有区别（见图3-54、3-55、3-56、3-57、3-58、3-59）。

图3-53 西班牙格拉纳达阿尔罕布拉宫

界面图案　　　　　　界面图形

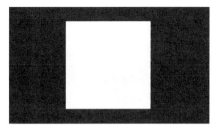

图3-54 假象界面

图3-57 假象界面

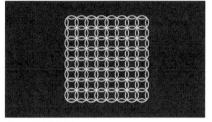

图3-55 平面图案填充

图3-58 平面图形填充

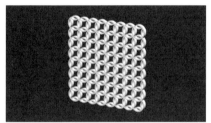

图3-56 立体图案填充

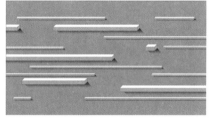

图3-59 立体图形填充

　　图案：单位形的连续重复，且单位形尺度相对较小，具有很强的编织性与肌理感特征，其组织方式可无限复制延伸，是图案的主要判定依据。而图案又可细分为平面图案（见图3-60、3-61、3-62、3-63、3-64、3-65、3-66）和立体图案（见图3-67、3-68、3-69、3-70、3-71、3-72、3-73）。

图3-60 平面图案，（锦江之星武汉建设大道店）

图3-61 平面图案

图3-62 平面图案

图3-63 平面图案

图3-64 平面图案

图3-65 平面图案

图3-66 平面图案

图3-67 立体图案

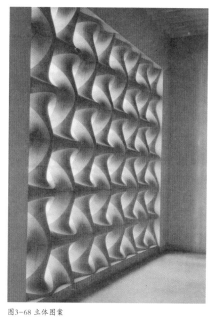

图3-68 立体图案

图3-69 立体图案

图3-70 立体图案，（锦江之星苏州人民南路店）

图3-71 立体图案

图3-72 立体图案

图3-73 立体图案

图形，相对图案而言，其单体造型感觉更突出自由，作为填充形在界面中的视觉比例也相对增强。并且，虽有一定的组织规律，但不如图案构成那样绝对统一，肌理感与编制感相对减弱。而图形又可细分为平面图形（见图3-74、3-75、3-76、3-77、3-78、3-79、3-80、3-81、3-82、3-83、3-84、3-85、）和立体图形（见图3-86、3-87、3-88、3-89、3-90、3-91、3-92）。

图3-74 平面图形，（锦江之星义乌店）

图3-75 平面图形

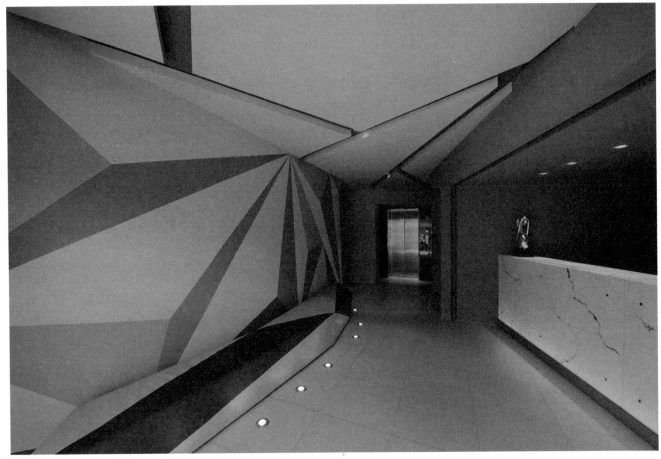

图3-76 平面图形，（锦江之星武汉紫阳路店）

图3-77 平面图形

图3-78 平面图形

图3-79 平面图形

图3-80 平面图形，（锦江之星济南解放路店）

图3-81 平面图形、（锦江之星山东潍坊店）

图3-82 平面图形

图3-83 平面图形

图3-85 平面图形

图3-84 平面图形

图3-86 立体图形

图3-87 立体图形

图3-88 立体图形

图3-89 立体图形，（锦江之星沈阳中国家具城店）

图3-90 立体图形

图3-91 立体图形

图3-92 立体图形

界面形不同于界面装饰，前者注重的是界面的形态起伏与形状裁切，后者注重对界面（不论是否有界面形）的填充装饰，并以图案、图形的方式介入到空间的界面中来。

若将界面形与界面（立体）填充形相结合，则感觉更为丰富多彩。同时，界面的（立体）填充装饰，亦是当下建筑设计、室内设计中的主要思潮之一（见图3-93、3-94、3-95、3-96、3-97、3-98、3-99）。

图3-96 界面立体填充形

图3-93 假象界面

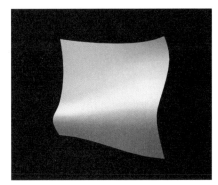

图3-94 卷曲界面形

图3-97 界面立体填充形

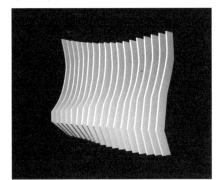

图3-95 界面（立）填充形装饰

如果界面装饰同空间造型的四大类别相结合，则会产生出更加多样的视觉特色及设计选择。比如：

空间形和界面装饰的结合（见图3-100）；

界面形和界面装饰的结合（见图3-101、3-102）；

独立形和界面装饰的结合（见图3-103、3-104）；

板盒形和界面装饰的结合（见图3-105、3-106）。

图3-98 界面立体填充形

图3-100 空间形和界面装饰的结合

图3-99 界面立体填充形

图3-101 界面形和界面装饰的结合

上述种种混合与选配，都基于同一个基础：即对于空间设计各专项专题的深入认识与整理分类，帮助设计者理清各种思考空间构形的概念。它是理性研习探索的成果积累。只有这样，才得以使设计不断推进。这是方法，更是学问。

空间构形是室内设计学中最难理解的一门学问。在此，我们已总结了造型与界面装饰。有一点仍需说明，空间造型与界面装饰在此被分为两个概念，其实，界面装饰中的立体（图形）填充，按分类更适合于造型范畴，尤其可成为界面形中的另一项概念。但，"填充"这一概念，同时又更倾向于界面的装饰功能，况且填充又可细分为图案和图形、平面与立体的区别。因此，从填充这一概念出发，内涵中更多的是包含装饰这一含义，而立体图形的填充仅占装饰填充四分之一的比例，所以，最终仍将界面装饰与空间造型分归为两个范畴。

图3-102 界面形和界面装饰的结合

图3-104 独立形和界面装饰的结合

图3-103 独立形和界面装饰的结合

图3-105 板盒形和界面装饰的结合

图3-106 板盒形和界面装饰的结合

6.空间构型一览表

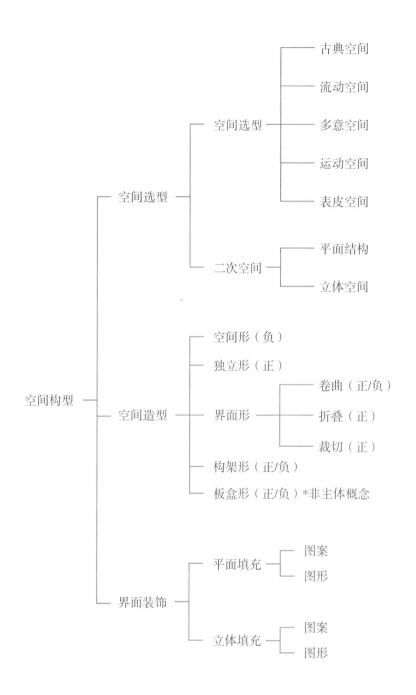

　　总结空间构型，空间选型与二次空间都属抽象概念的范畴，空间造形与界面装饰则是在空间造形和二次空间的抽象基础上，进行具体化地落实。因此，空间设计是一个抽象到具象的思维过程。

第四章　空间抽象关系

围合与之间的关系（锦江之星昆山店）

第四章 空间抽象关系

1.关于抽象关系

我们已经知道，主体概念可以是指构成空间专项的语汇，也可以是指构成空间关系的语法。前者关注的是具体之"物"，属具象直观的范畴。后者关注的是具体之"物"之间的关系，属抽象组织的范畴。本章节讨论的恰是这种关系的构成。

经常会有这样的情况发生：当我们步入一个空间的时候，感觉十分优美动人，而且是百看不厌，令人留恋回味。但如果我们静心追究，是什么因素在起作用？却发现设计简简单单，既没有造形上的特色，也无色彩上的夺目，甚至没有任何装饰，抑或是精彩的陈设……似乎没有任何具体的对象能来对应出眼前的效果！其实，如此情况下，通常不是某个具体的对象，即某"物"在起作用，而是构成空间各种"物与物"之间的关系在起作用，这样的关系决定着空间的最终感染力。因此，当空间语法成为主体概念的时候，抽象关系就是解答上述现象的唯一秘方。

那么，何为抽象关系呢？

抽象关系指潜藏在空间表象背后，能对空间的最终效果产生直接影响的内在规律。是对视觉专项进行组织分配的秩序安排。当抽象关系成为空间主体概念时，空间的内在构成逻辑是最具魅力的。

抽象关系具体而言，就是"层次"与"比例"的问题。

层次：是指在设计中所新介入的对比因素。该对比因素可以是空间专项中的任意一条，它也许表现为方向对比、轻重对比、虚实对比、方圆对比、冷暖对比、明暗对比、肌理对比、光影对比……

在抽象关系中，对层次的探索发现是无限的，是视觉进步发展的表现，它为空间的抽象构成关系平添新的成员、新的惊喜。层次是构成一切视觉快感的基础，发现层次就是发掘美的潜在构成要素。

比例：是指和谐因素，是针对层次的对比因素所进行的平衡和统一，是一种分寸感的把握。比例不仅表现为对尺度的和谐分配，更表现为对一切视觉因素的控制。如：色彩的冷暖对比、形体的大小轻重、灯光的明暗调节……比例，即为控制与平衡。

总之，层次与比例，构成了空间抽象关系的两大组成部分。如下表：

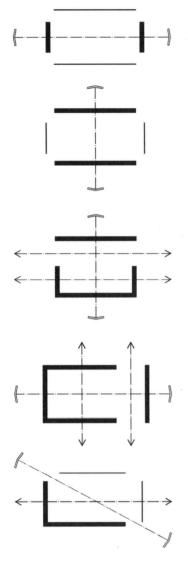

图4-01-a 轴场变化组合

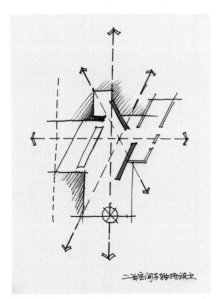

图4-03 二次空间与轴场方向变化

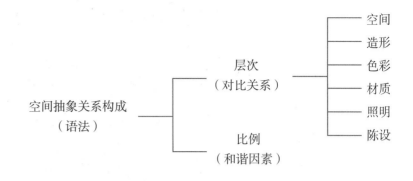

空间抽象关系构成
（语法）

层次
（对比关系）

比例
（和谐因素）

空间
造形
色彩
材质
照明
陈设

2. 二次空间与抽象关系

二次空间的最终使命，就是提升空间的抽象关系，它是一切概念的基石，是概念中的指导概念。

二次空间的抽象关系不仅指导着空间本身的关系组织，更指导着造形、色彩、材质、照明、陈设的空间组织关系，即空间分配。当你在设计过程中，已经确立了色彩组合的概念，或者是材料组合的概念、包括陈设的概念、装饰的概念等等之后，如何将这些因素在空间中进行分配安置，则完全依赖于二次空间抽象关系的确立。二次空间抽象关系的使命就是帮助落实各概念专项在整体空间中的具体位置，以符合抽象关系的建构原则。并在该关系中，一切视觉因素都各就其位，共同归顺于二次空间的抽象关系。由此，从这层意义而言，空间不单是形的空间，空间也是色、材、光的空间。所谓形色同一，有什么样的空间形，即有什么样的空间色，讲得就是这层涵义。

空间中，究竟有哪些抽象关系？以最简单的盒子为例，在同一个二次空间中可形成不同的抽象组合关系。

① 轴场的建立：轴场即为空间的轴线气场，即轴线关系。

轴场的建立与认识，是空间抽象关系的首要问题（见图4-01、4-03）。

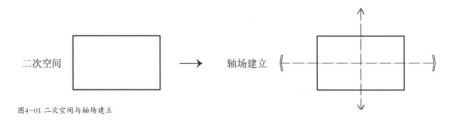

二次空间　　　　　　　　轴场建立

图4-01 二次空间与轴场建立

当轴场建立后，继而产生各种轴场的变化方式（见图4-01a）

② 轴场与方向：反映空间的向度与凝聚空间气场的关系（见图4-02、4-03）。

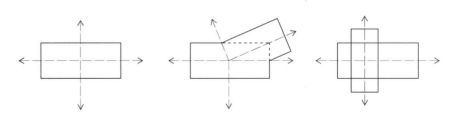

图4-02 轴场与方向

③ 围合与之间："围合"较静态和凝固，呈聚气之势。"之间"较开放、
流动，呈对峙、并置关系（见图4-04）。

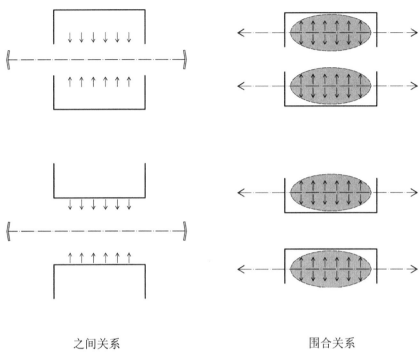

之间关系　　　　　　　　　　　　围合关系

图4-04 围合与之间

④ 对峙与并置：对峙与并置，即之间的对比关系，且为同向度串联排列
（见图4-05）。

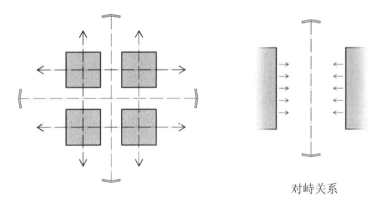

对峙关系

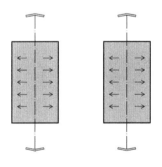

并置关系

图4-05 对峙于并置

⑤ 主体与客体：主体的围合性、静态性与客体的开放性、流动性之间的对峙依从关系（见图4-06）。

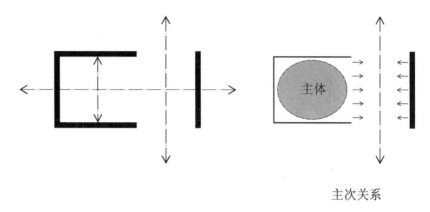

主次关系

图4-06 主体与客体

⑥ 介入与呼应：在空间中介入某项因素，即插入对比层次，它们可以是形、色、材等视觉专项。呼应则是取得平衡（见图4-07）。

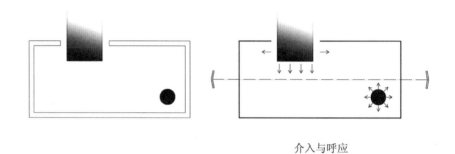

介入与呼应

图4-07 层次介入

⑦ 对称与对位：这是空间中最常见的轴场关系，这种关系本身就包含着和谐的最基本方法（见图4-08）。

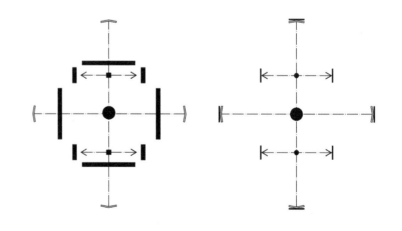

对称与对位

图4-08 对称与对位

⑧夹持与松弛：空间紧松虚实的层次对比（见图4-09、4-10、4-11）。

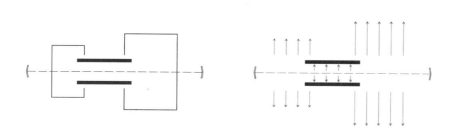

图4-09 夹持与松弛

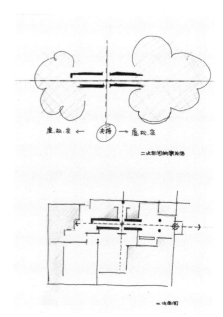

图4-10 石材与镜面的空间虚实关系，体现出夹持与松弛的抽象关系（锦江之星南翔店大堂）

依据上述二次空间抽象关系的构成原理，现分析具体案例（见图4-12、4-13、4-14、4-15、4-16、4-17、4-18、4-19、4-20、4-21）。本案例选取锦江之星东营店一层公共区域，首先在一次空间原况上建立二次空间，后将二次空间进一步建构抽象关系。

图4-11 石材与镜面的空间虚实关系，体现出夹持与松弛的抽象关系（锦江之星南翔店大堂）

二次空间结构分解图

一次空间原况图

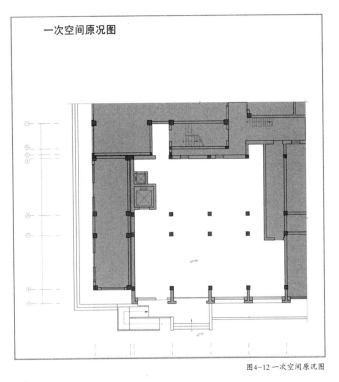

图4-12 一次空间原况图

二次空间平面结构图

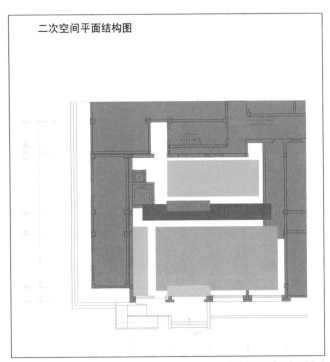

图4-13 二次空间平面结构图

二次空间立体结构图

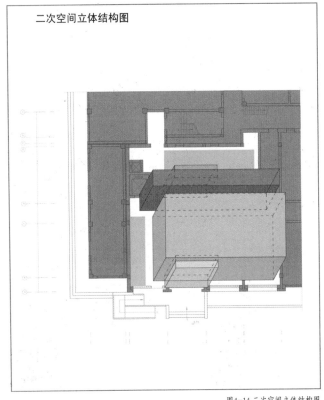

图4-14 二次空间立体结构图

平面布置图

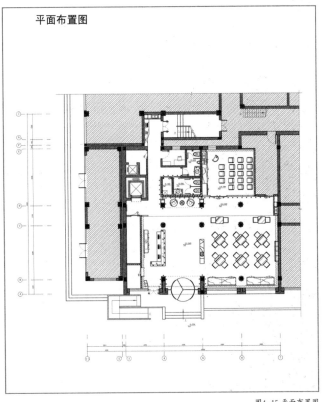

图4-15 平面布置图

二次空间抽象关系解析图

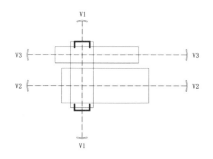

空间上：V1与V2、V3相贯通，十字重叠，方向对比

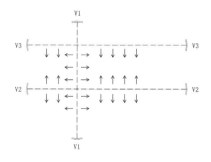

V2与V3同向并置，相互对峙、对比，构成"之间"关系，在"之间"中分主客。

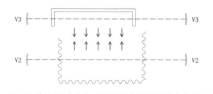

开放、对峙、平行、并置、之间关系

图4-16 锦江之星东营店一层公共区域二次空间解析图（一）

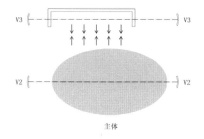

主体

V2相对"合围"，构成主体，
V3成为"之间"关系中的从属客体

在V2与V3的对峙关系中，V2轻、V3重；V2虚、V3实。

在空间上：V2呈合围主体，与V3傍衬构成"之间"对峙。

明度上：V2浅，V3深

照度上：V2亮，V3暗

材料上：V2轻、虚、透、飘、反射……

V3重、实、堵、厚、吸射……

V2轴上A、B、C为中心对应，强调V2构成的"合围"性主体，形成V2轴的视觉中心，为主体空间增加节奏对比

二次空间的抽象组合关系，是所有其他界面、色调、材料、照明、陈设诸概念中的主导概念，是概念的概念。

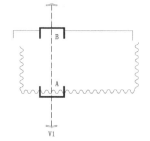

V1轴上的A、B相互合围，对应相吸，强调垂直向上的主体性，形成中轴合围

图4-17 锦江之星东营店一层公共区域二次空间解析图（二）

图4-18 锦江之星东营店，V1与V2轴场相交点

图4-19 锦江之星东营店，V2-V2轴场

图4-20 锦江之星东营店，V2与V3并置对峙，构成之间关系

图4-21 锦江之星东营店，V1-V1轴场

本案例为锦江之星长沙南湖店公共区域抽象关系图（见图4-22、4-23、4-24）

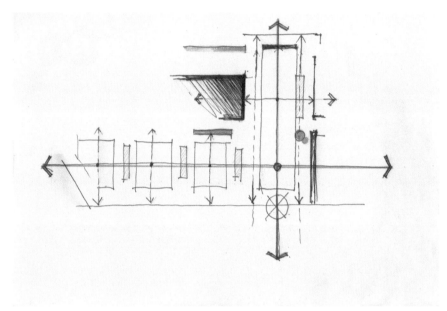

图4-22 二次空间抽象关系图，对峙与之间、介入与呼应、对称与对位

图4-23 锦江之星长沙南湖店，横向餐厅轴场

图4-24 锦江之星长沙南湖店，纵向大堂轴场

本案例为锦江之星郑州火车站店公共区域抽象关系图（见图4-25、4-26、4-27、4-28）

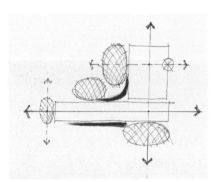

图4-25 二次空间轴场关系解析图

图4-27 锦江之星郑州火车站店大堂空间

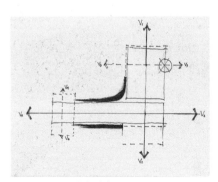

图4-26 二次空间主客关系解析图

图4-28 锦江之星郑州火车站店

3.空间造型与抽象关系

　　造型的抽象关系，同样在二次空间抽象关系的指导下进行，在具体的设计运用中，遵循统一与和谐的条件，按空间关系引入造型之间的层次对比，如：点、线、面的造型对比，曲直方圆的造型对比，正形与负形的造型对比，高低宽窄的造型对比，轻巧厚重的造型对比，几何形态与自然形态的对比……（见图4-29、4-30、4-31）通常，这样的造型对比会产生在独立形与空间环境的抽象关系中（见图4-32、4-33、4-34、4-35、4-36）。

图4-30 建成效果

主题概念：绿色的波浪型界面与平直的白色界面相对比

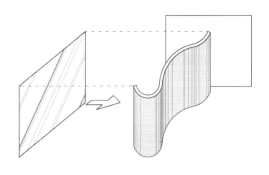

图4-29 造型概念图（锦江之星太原店）

图4-31 形态对比（锦江之星太原店）

图4-32 独立形概念图

图4-33 独立形与空间关系（锦江之星长春人民广场店）

图4-34 空间与独立形

图4-35 空间与独立形

图4-36 锦江之星浦东机场店，大堂休息区L型透光成角独立形概念

4.空间色彩与抽象关系

当色调的基本概念在设计中确立之后，同样在二次空间抽象关系的指导原则下进行发展，空间色彩的抽象关系由两方面内容。其一，就是色彩学中讲的色彩关系，具体包括色彩的色相关系、冷暖关系、灰度关系以及明度对比关系。其二，就是将色彩作为空间的一个表现要素，进行空间分配构成。此时的色彩更包含着空间逻辑的含义，使色彩的空间分布更趋向于空间组织关系及秩序，即所谓形色同构同源（见图4-37、4-38、4-39、4-40、4-41、4-42）。

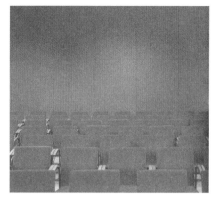

图4-37 色彩的纯度对比

图4-38 色彩的冷暖对比

图4-39 色彩与空间秩序同构（锦江之星上海奉贤店）

图4-40 高阳塔楼：色彩逻辑与空间造型逻辑同构

图4-41 色彩与空间秩序同构（锦江之星上海奉贤店）

图4-42 色彩的明度与纯度对比（锦江之星浦东干部学院店）

5.空间材质与抽象关系

空间材质的抽象关系，其本质就是材料质感性格的层次对比，并在二次空间抽象关系指导原则下，进行不同材质在空间中的分配安排，进一步诠释二次空间抽象关系的逻辑秩序。

材质性格的对比，可归纳为如下内容，即材料的质感和材料的纹理（见图4–43、4–44）。

图4–43 材料纹理的对比　　　　　　　　　　图4–44 材料质感的对比

材料关系 ── 质感
　　　　　└ 纹理

质感对比 ── 平滑与粗糙
　　　　── 透明与非透明
　　　　── 反光与哑光
　　　　── 通透与封闭
　　　　── 透光与非透光
　　　　── 温润与冷峻
　　　　── 坚硬与柔软
　　　　└ 镜像与非镜像

纹理对比 ── 材质的立体肌理
　　　　── 自然的平面纹理
　　　　└ 图案肌理

材质的抽象关系，充分体现在材料质感的性格组合关系间，在设计过程中，往往是先确立材质的对比性格组合（有时是材质类别关系的明确），然后再将材质的对比组合与空间分配的二次空间抽象关系相对应，使空间抽象关系与材料抽象关系合为一体，最后落实具体材料地选择确认。在此，选取锦江之星宁波柳汀街店首层大堂区域空间材质的抽象关系的配置与实景对应照片（见图4-45、4-46、4-47、4-48）。其他设计案例，都反映出用材设计上的质感性格对比与抽象关系。见图4-49、4-50、4-51、4-52、4-53、4-54、4-55、4-56、4-57、4-58、4-59、4-60。

图4-47 锦江之星宁波柳汀街店

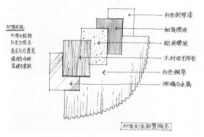

图4-45 材质关系配置概念图

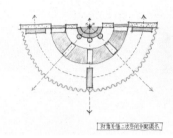

图4-46 材质关系二次空间分配图

图4-48 锦江之星宁波柳汀街店，材料分配实景照片

图4-49 光洁与粗糙的对比

图4-50 木、石、玻、布等综合对比，（上海白玉兰宾馆）

图4-51 透光与非透光、哑光与反光的材质关系，（锦江之星青岛火车站店）

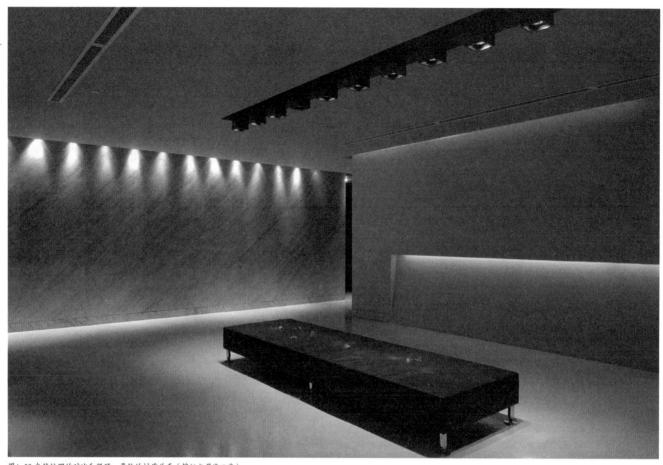

图4-52 自然纹理的对比和坚硬、柔软的材质关系（锦江之星海口店）

图4-53 材质的性格对比

图4-54 同一材质的表面质感对比

图4-55 不同吸光率与反光率的对比

图4-56 石、木质感对比

图4-57 材质综合对比

图4-58 玻璃与金属，竖硬与冷峻，不同光泽的镜像对比（锦江之星南京清凉门店）

图4-59 抛光金属与亚光木板的对比
（锦江之星长春火车站店）

图4-60 冷峻与温润的对比

材料的纹理对比关系，主要指各种材质的自然纹理特征，同时还包括人造材料的各类平面和立体的肌理特征。尤其是，当某些人造材料的表面图案在空间界面中成为一种特殊肌理时，也可将之视为材料的表皮纹理（见图4-61、4-62、4-63、4-64、4-65、4-66）。

图4-61、4-62 自然的平面纹理

图4-63、4-64 材质的立体肌理

图4-65、4-66 图案肌理

　　当然，对于材质美感的设计通常存有两种完全不同的方式。如上所述，一种方式是对材质层次对比关系的追求，充分展示不同材质性格间的抽象美感。而另一种方式，则是在设计同一性原则的思想下，充分展示某种材料的质感魅力，使之充实整个空间的视觉环境，构成对该材质的强烈印象。第二种方式是不关注"之间"的构成关系，只注重材质本身的性格特色。"强调了再强调，有力了再有力"，恰好是这种方式的最佳独白。这类方式，往往会伴随着对材料特征的开创性实践，是许多当代前卫设计师所青睐的设计语言，尤其是对追求表皮概念的设计师们。如赫尔佐格·德梅隆的作品（见图4-67、4-68、4-69、4-70、4-71）。

图4-67 清水泥质感的同一性（锦江之星上海青浦店）

图4-68 木条板的空间同一性

图4-71 粗矿的混凝土同一性

图4-69 穿孔金属板的同一性

图4-70 木材的同一性

　　不论何类材质的设计选择，材质为最终空间的情感体验提供了媒介信息。设计师将材质自身的性格特征联觉为空间的情感品格。它们或奢华、简朴，或温馨、冷峻，或沉闷、高爽……所以，材质设计就如音乐一般，通过联觉手段，最终是为了追求空间的品性与情感体验。

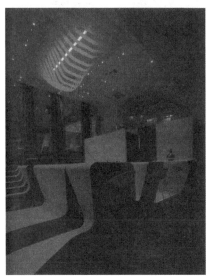

图4-72 透光构成

6.空间照明与抽象关系

一个优秀的照明设计，除了满足功能性方面的使命外，更是为空间场所的体验提供绝佳的途径。而成功的照明设计，完全是建立在空间的认知深度上，只有对组成空间的逻辑原则持有充分的理解，照明设计才能成为诠释空间的有力手段。可以说，空间照明的抽象关系，其实就是二次空间的抽象关系，就是空间的组织原则。通过照明的布光形式与光亮分配，进一步营造出空间的层次感和组织逻辑秩序，强调出空间及界面的虚实强弱关系，并形成照明设计的明暗节奏对比、聚光与漫散光对比、直射光与透射光对比，以及点光、线光、面光的对比等等（见图4-72、4-73、4-74、4-75、4-76、4-77、4-78、4-79、4-80、4-81、4-82、4-83）。

图4-73 照明与空间造型

图4-74 聚光点与空间关系（锦江之星重庆店）

图4-75 空间关系与照明布置的统一（锦江之星临港新城店）

图4-76 照明概念图（锦江之星天津南开店）

图4-77 照明实景图（锦江之星天津南开店）

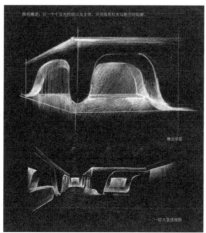

图4-78 照明概念图（锦江之星郑州火车站店）

图4-79 照明实景图（锦江之星郑州火车站店）

图4-80 照明与陈设造型

图4-81 光点的构成

图4-82 照明方式与空间关系

图4-83 照明与空间界面

图4-84 陈设与空间轴

7.活动陈设与抽象关系

活动陈设的抽象关系，主要指陈设点在空间中的布置位置，以及与陈设点相呼应的二次空间抽象关系，特别是空间轴场与向度的逻辑秩序。一般而言，陈设点都是在空间中占有重要视线位置的，这些点睛之笔，通常也都处于空间关系交汇处。因此，陈设平面布置图，完全反映空间轴的二次关系（见图4-84、4-85、4-86、4-87、4-88）。

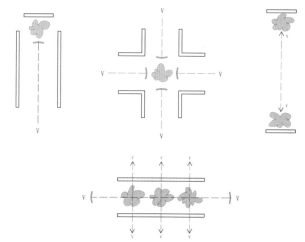

图4-85 活动陈设与空间抽象关系图

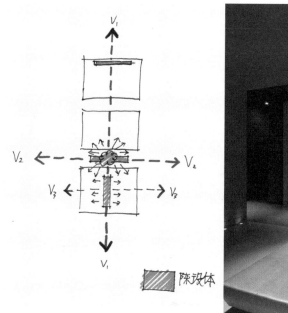

图4-86 陈设点位与二次空间抽象关系图析

图4-87 锦江之星上海奉贤店

8.抽象关系一览表

深入研究抽象关系，有助于我们不断进入空间设计的内在规律，以便形成更为直接快捷的设计方法和程序，能显著提高设计构思的成效。

一个高度成熟的空间设计师，经常会以某种抽象关系的介入，来作为开始整个设计的切入点。这些切入点也许是一组色彩关系的建立，也许是一组材料特征的组合、或者是某种空间组织秩序、抑或是某种形态对比关系…… 设计师以此为概念的出发点，继而由这种片段的抽象关系，逐渐发展为一个完整的空间设计，使整个设计过程体现出一个从抽象关系到具象落实的过程。

针对上述这种高水准的起点，室内设计首先从某种空间层次关系着手，在现场基地条件及功能要求的限定中，逐步确立二次空间及其抽象关系的原则，然后分别借助形、光、色、材等视觉要素，全面构建空间抽象关系。如此，使得抽象关系真正成为室内设计的主体概念而确立，空间感更趋于整体和谐、更富有感染力量，以致于成为百看不厌的经典之作。尤其是那些现代主义，简约主义的作品，其不朽，恰在于空间中各种关系的构成魅力。

图4-88 陈设与空间轴、（上海白玉兰宾馆）

抽象关系一览表

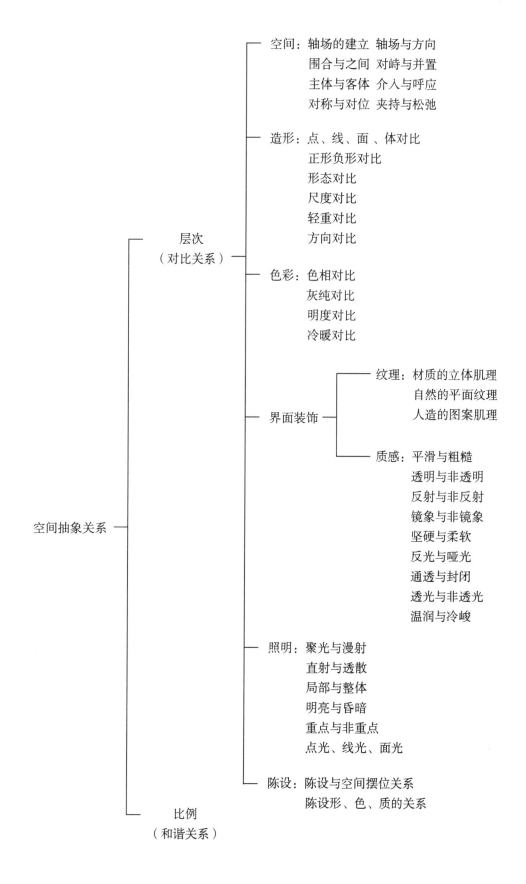

空间抽象关系

层次
（对比关系）

空间：轴场的建立 轴场与方向
围合与之间 对峙与并置
主体与客体 介入与呼应
对称与对位 夹持与松弛

造形：点、线、面、体对比
正形负形对比
形态对比
尺度对比
轻重对比
方向对比

色彩：色相对比
灰纯对比
明度对比
冷暖对比

界面装饰

纹理：材质的立体肌理
自然的平面纹理
人造的图案肌理

质感：平滑与粗糙
透明与非透明
反射与非反射
镜象与非镜象
坚硬与柔软
反光与哑光
通透与封闭
透光与非透光
温润与冷峻

照明：聚光与漫射
直射与透散
局部与整体
明亮与昏暗
重点与非重点
点光、线光、面光

陈设：陈设与空间摆位关系
陈设形、色、质的关系

比例
（和谐关系）

下篇 过程与表述

第五章 关于设计过程

锦江之星珠海吉大九州店大堂入口

第五章 关于设计过程

1.认识过程

上篇中，我们完成了对室内设计问题的认识与揭示。下篇，则进入到对室内设计问题的解决与操作。通过上篇对室内设计概念的思考与解答，我们继而对设计的过程进行讨究。

首先，过程反映了对设计的理解深度。

同时，过程更是一种操作方法。

因为对问题的解答，意味着对问题认识的深度与具体的解决方式这两重含义。所以，过程之不同，实为认识之高低，方法之专业的区别。

过程，又是对最终结果的专业保障，是专业化程度的体现。

过程，是使入门者拥有一个相当的专业平台与一种切入方式，能直接涉及到相当深度的专业层面中去的方法。它使得那些对设计认识不足的设计师，通过过程这一方式，由操作开始，逐渐领悟室内设计的真谛，可谓从实践到认识的学习掌握路径。在此，过程带有显著的"强迫"性特征，它是到达彼岸的"强迫"性通道。

因此，我们需要注重过程，研究过程。过程包含了对概念的理解、效果的把握；过程更包含了复杂的设计程序步骤、特定的专业表述方式等。

严谨完善的设计过程，即是强迫对设计所涉及的诸多专项和专题做出深入探究，从而成为设计发展的新起点。

过程具体包括：五大阶段、二大方面、十大专项、二十九大专题、内容步骤、设计概念与程序选择、十四类归案、表述方式等诸多方面共同构成。

本书室内设计过程的详细步骤是建立在大量实践基础上的归纳总结。其中包含许多全新的概念名词、设计方法、表述方式。旨在帮助后人以较直接而有深度的方法切入到室内设计的核心层面，并对室内设计的组成方面及相关内容有一个较为理性、系统的认识。

但设计实践是在不断发展的，并有着各类未曾始料的内容出现。因此，本过程对室内空间构成专项的划分和设计中的详细作法步骤，都不应该成为一种教条，更不能因此而阻碍创造力的发展。当设计的认识问题出现新的方向与变化时，过程自然相应而变。

设计在发展，过程同样在进步。

2.设计过程五大阶段

本设计过程仅为纯设计自身的工作过程，不包括在过程中与业主方的讨论与审定；也不包括施工图之后的工地现场追踪及服务，更不包括各类图纸的报批与审核，以及针对设计所需的商业控制。在此前提下，本书的设计过程大致可分为五大阶段。

一、初始阶段（概念形成）：

初始阶段主要是了解功能要求，掌握地形原貌，进行设计思维的热身，并充分运用发散性创造思维，旨在初始的过程中能萌生概念。甚至是一系列概念的萌生。（系列概念）

二、方案阶段（概念发展）：

这是最关键的一个阶段，是对初始概念进行选择和发展的阶段，是概念的可视化过程，是风格语言及主要概念的明确过程。

三、方案扩初（专业落实）：

在方案概念的基础上，对各项概念专项、主体概念分别进行终极落实，并明确各专项内容的空间分配。通过专业的程序化过程，进行建立、比较、验证、定夺的多次循环。具体解决并落实各专项专题中的所有设计问题。至此，凡是设计问题，都均告完成，并为施工图的进展做好充分的准备。

四、施工图阶段（公司规范）：

这是正式出图的过程，是设计表述深度和标准的严格全面实施，是施工现场顺利开展的设计保证。施工图明确表达了所有装修、照明、家具、灯具、陈设品、以及相关的机电设施与室内装修相接合的内容，并包含所用相关尺寸、节点、色彩、用材等。

五、设计归案（专业总结）：

施工图完成后，对设计过程中的各类专项专题作完整的记录分类，以助日后查阅。通过归案，进一步总结梳理设计全过程的思考内容，对室内设计的核心问题将带来新的认识。

设计五大阶段，在实际设计过程中并非有明确的界线划分，往往是你中有我，我中有你，尤其是方案阶段和扩初阶段。而各阶段中的各类专项和专题，亦并非保证设计过程中能完全同步。但能保持同步是最为理想的一种设计过程，因为同步意味着设计中各专项之间的同时并进和协调推进。最终使空间的整体气息会更加强烈清晰，同时也意味着方案阶段完成之后，能顺利全面地进入到扩初阶段。因为，这两个阶段，对应出室内设计的两大侧重方向："概念原则"与"具体落实"。

通常，人们将方案阶段和扩初阶段完全理想化地视为一个前后的时间顺序，虽然大多数情况下，确实存在于这样一个时间先后，但切不可完全将此作为一个顺序的先后过程来简单化对待。因为，两大阶段其实更可以用两大组成方式来理解。进而言之，完成一个设计，其实包含着概念与落实两大内容，而这两大内容在实际设计中是没有界线区分的，同时两大内容的推进，时常是相互交织的。在方案阶段时，就可能有某种设计因素已跨入到扩初的内容阶段；甚至在扩初的过程中，仍会继续面对方案中的某些未解答内容。况且，两大构成内容的推进，又时常会因具体的设计师及设计项目而呈现出多样化的过程方式。往往一些高度成熟的设计师们，他（她）们在设计伊始就可能由某个具体的细节入手，然后层层展开，步步推进，从表面上看，这似乎是从扩初层面切入到设计的整体概念中去。

由此，过程中所强调的方案阶段和扩初阶段，可以理解为先后的时间阶段，更可以理解为对构成室内设计过程中两大内容的强调，而该两大内容缺少任何一项，都会使设计无法完成。

所以，设计过程，虽有先后顺序，却不必拘于谁先孰后，重要的是回答完善这两大内容：即概念原则与具体落实。

3.过程的专项与专题构成

依据上篇对室内设计概念问题的理解，在设计过程中，将室内设计分为固定空间和活动陈设两大方面，这充分反映出陈设在室内设计中的重要性，而空间方面则更倾向于建筑的立场。其次，这两大方面，在室内设计的全过程中，分别有十大专项内容构成，它们是空间结构、空间造形、界面装饰、空间色彩、空间材质、构造节点、空间照明、空间技术、陈设配置与空间关系、陈设单体设计。针对每一专项的内容，最终又细化出二十九个专题内容。

除上篇中所详述的概念内容外，本专项专题在过程中又新出现了构造节点和空间技术两项内容。构造节点专项在设计过程中是一个十分重要并且内容繁重的内容。一切有形细节的落实及施工做法，均由节点构造完成。其中，概念构造图属于方案阶段所解决的问题。概念构造，其实是属于原理性的构造，是针对某一有相当难度的构造问题，从技术、构造的原理上来解答。它不同于扩初阶段的节点详图，后者是在原理性构造的基础上，进一步落实在具体设计环境中，因此它更带有设计的个性特征。此外，空间技术主要涉及室内设计与其相关专业的协调。如音响专业、空调专业、水电专业、厨具专业、舞台专业等等。该专项使室内设计成为一个集成各路专业的集大成者，充分使设计的效果、设计的功能、设计的技术规范等诸多矛盾得以协调共存。

设计过程专项专题构成表

二大方面 十大专项 二十九大专题

二大方面	专项	专题	阶段
固定空间	一、空间结构	空间选型	初始
		二次空间平面结构	方案
		二次空间立体结构	
	二、空间造型	空间形	方案
		独立形	
		界面形	
		构架形	
		造形概念整体界面落实分配	扩初
	三、界面装饰	平面图案、图形界面装饰	方案
		立体图案、图形界面装饰	扩初
		空间分配	扩初
	四、空间色彩	色调概念	方案
		空间分配	扩初
	五、空间材质	材质配置概念	方案
		材质对应落实	扩初
		空间分配	扩初
	六、构造节点	概念构造图	方案
		节点详图	扩初
	七、空间照明	照明概念	方案
		照明配置	扩初
	八、空间技术	各技术规范要求与空间的协调	方案 扩初
活动陈设	九、陈设配置与空间关系	陈设配置与平面空间关系	方案 扩初
		陈设配置与剖立面空间比例	
		陈设配置与空间色调关系	
		陈设配置与空间材质关系	
	十、单体设计	形：家具、灯具、艺术品、装置、花木、织物…	扩初
		色：家具、灯具、艺术品、装置、花木、织物…	
		材：家具、灯具、艺术品、装置、花木、织物…	
		图案：地毯、布幔、织物…	

关于本表的说明：

上述表格的内容是广泛地包含了各类室内设计中被提取出来的专项、专题内容，因为它是为应对各类设计概念而制订的系统表格。而每一具体的设计因概念方向的不同，会选择其中的绝大部分内容，或合并或省略其中某项内容，具体情况视不同设计内容而论。如：在空间造型的专项内就有四种选择：空间形、独立形、界面形、构架形。尤其是空间形与独立形，完全是两种不同的概念与设计方向。又或者是界面装饰，有的设计有图案装饰，有的则不需要图案装饰等等问题。因此，我们对该表格的应用必须是灵活可变的。

第六章 内容步骤与表述方式

锦江之星西安东关店大堂

第六章 内容步骤与表述方式

　　本章的内容主要以设计五大阶段中前四大阶段的内容为讨论对象，并采用图表的形式，来归纳其设计思考的步骤与表述方式。旨在帮助读者能一目了然，清晰地理解设计的全过程。本图表有"内容步骤"与"表述方式"两大方面构成，每一内容步骤，都有相对应的表述方式。

　　内容步骤是针对设计认识来提出问题，详尽反映出各空间专项中，所需一一解答完成的具体专项专题内容。其内容通常按设计的一般顺序安排，并环环相联。

　　如果说内容步骤是指明回答问题的具体内容方向，那么表述方式就是针对提问所采取的回答方式方法。而且，面对同一个问题的回答，本表可能列举出数项解答路径和方法。因此，只要能解决该问题的，任何一项可被选择的表述方式都是可行的。

　　* 如下内容及步骤按不同情况，可省略或合并某些过程与表述方式。

1.初始阶段

初始阶段，即概念萌生阶段，也是为正式进入设计作基础准备工作。

内容步骤	表述方式
1、明确设计任务书、了解功能要求、造价投资、工期计划、周边环境及人文环境。	
2、了解原建筑结构、设施、消防、机电设备、管线等情况。如：层高、大小梁的位置和尺寸、楼板厚度、管龙井、结构类型、承重构件（柱、梁、剪力墙…）、垂直构件、楼梯、消防设施（消火栓、警铃、消防门、前室、消防楼梯、防火分区、防火等级、防排烟井、烟感、温感、喷淋…）及水、电、风的具体情况和管线布置及尺寸。另有其他所存在的技术设施等情况。	解读结构平面图、剖立面图。 用不同色彩注明梁位平面图，表示不同色彩梁的截面尺寸，标注相关消防、机电设施的平面位置。
3、现场勘测、了解情况	照片、现场测绘图、注解
4、功能分析、编制流程图、安排空间动线	图示逻辑、功能流程图
5、查阅相关设计资料、积累形象储蓄，并做相关空间的调研考察	视觉笔记
6、默写原结构平面、寻找空间关系	随笔草图：（空间形方面） 1、空间关系解析图
7、随笔草图、萌生概念	2、初始空间透视草图或电脑三维建模，进行复杂环境的观察分析。
8、明确空间选型	3、确立空间选型方向

2.方案阶段

　　方案阶段即概念发展阶段，主要解决问题是将概念发展为可视的空间形象，尤其侧重二次空间、空间造形语言、主要色调、陈设点概念等形式问题。

专项	内容步骤	二大方面	表达方式
空间结构	1、建立空间抽象结构、梳理空间秩序，建构二次空间模型 2、建立二次空间抽象关系	固定空间	1-1、二次空间（平、立）概念图：（手绘平、顶、轴） 2-1、二次空间抽象关系解析图（手绘平面草图）
空间造型	3、确立空间整体形象概念、强化提炼造形语言特征（空间形、独立形、界面形、构架形）。形成风格形式定位		3-1、文字简述空间造形概念特征。 3-2、空间造形语言概念图示（手绘透视草图或轴测图，或平、立、剖面图1：50） 3-3、参照图片说明
界面装饰	4、确定界面装饰的图形、图案设计，进一步形成风格定位		4-1、图片参考 4-2、传统风格纹样选择 4-3、装饰图案图形草图（透视草图或平、立面图）
空间色彩	5、确定色调概念和明度分配		5-1、文字简述、色感描述 5-2、色彩概念配比图 5-3、相关图片参考说明 5-4、透视草图
空间材质	6、对应色感、确立材质性格，组合抽象关系，形成主要用材大类别		6-1、文字简述、材质性格组合关系 6-2、材质配置概念样板图 6-3、相关图片参考
空间照明	7、空间照明概念		7-1、文字简述照明概念 7-2、照明概念图示 7-3、相关概念图片参考
陈设	8、主要陈设概念	活动陈设	8-1、文字描述 8-2、相关概念图片参考 8-3、草图（透视、立面）
	9、确立陈设点的空间位置		9-1、陈设点布置平面空间关系解析草图
	10、提取主题概念		10-1、文字简述 10-2、视觉图示 10-3、相关图片说明

3.扩初阶段

　　扩展阶段即概念的专业落实阶段，将可视因素细化、量化、明确化，尤其侧重各专项在二次空间基础上的空间分配。

专项	内容步骤	二大方面	表述方式
空间结构	11、深化二次空间，详细建构二次空间的抽象关系，形成空间形、色、光、材、陈的组合配置原则		11-1、二次空间（平、立）抽象关系解析详图（平面结构、立体结构、轴侧等）
空间造型	12、深化并明确整体空间中各平面、地面、立面、剖面等室内界面造形		12-1、按1：50或1：30绘出平面、顶面、主要立面，主要整体剖面、地坪图
			12-2、详细准确绘出整体空间透视图
			12-3、轴测图
	13、深化并明确局部空间的界面造形，包括固定家具、设施、隔断等内容的界面造形		13-1、按1：10、1：20绘出局部剖切面造形（横剖、竖剖）
			13-2、局部形态的小透视图
			13-3、局部轴测图
界面装饰	14、在二次空间指导原则下，对界面图形、图案装饰进行空间分配，并确定其单元的比例尺度	固定空间	14-1、界面装饰空间分配平面布置图
			14-2、界面装饰轴测图
			14-3、界面装饰透视图
			14-4、立面放样图
空间色彩	15、在二次空间指导原则下，对色彩概念进行空间分配，包括家具、灯具等陈设体在总体环境中的色彩配置关系		15-1、文字详述，并配合色块。
			15-2、立面色彩分配平面示意图
			15-3、手绘彩色空间分配透视图、彩色空间分配轴测图
			15-4、整体空间散点彩色透视图
			15-5、家具、陈设平面色彩配置图
			15-6、地坪色彩配置平面图
空间材质	16、依据材质配置概念进行具体材质的选定落实		16-1、材质实样图板
			16-2、设计用材编号图表
	17、依据二次空间指导原则，完成材质的空间分配，包括陈设体的材质分配		17-1、墙面材料平面布置示意图
			17-2、材料空间分配透视图
			17-3、材料空间分配轴测图
			17-4、地坪材料配置图
			17-5、材料空间分配散点透视图
			17-6、材料分配文字详述

专项	内容步骤	二大方面	表述方式
构造节点	18、绘制主要节点详图	固定空间	18-1、按1：1、1：2、1：5、1：10手绘主要或有难点的节点构造
	19、明确其余所有节点的造形尺寸		19-1、编制节点网格图表
	20、依据节点尺寸，最终完成各平面、顶面、立面、剖面、地面等界面造形		20-1、调整完成平面图、顶面图、立面图、剖立面图等
空间照明	21、明确空间照明方式及视觉效果		21-1、光源布置方式图（剖面、立面、轴测、平面） 21-2、照明效果素描关系图
	22、明确空间照度比配置关系		22-1、空间照度比平、立、剖面配置图
	23、明确光源配置、计算光源间距，进行照度值选择与推算		23-1、光源投射圈平面照度布置图 23-2、空间垂直向各水平高度照度布置图 23-3、洗墙光束立面定位尺寸图
	24、明确陈设品重点照明		24-1、陈设照明定位图
	25、明确光源控照器		25-1、灯光控照器平面平顶布置图 25-2、灯光图表
空间技术	26、明确界面中风口、烟感、喷淋、消火栓、警铃、音响、指示灯及所有设施的定位尺寸、造形、色彩与空间环境的协调关系。		26-1、平面、顶面、立面、剖面定位图 26-2、节点详图
	27、其他各相关技术协调问题。		

专项	内容步骤	二大方面	表述方式
陈设设计与空间配置关系	28、依据整体空间环境的设计风格，进行陈设色彩、材质、大致形态的比较选择	活动陈设	28-1、陈设色彩平面配置图 28-2、陈设色彩配置空间透视图
	29、依据整体空间设计环境，完成所有单体家具的具体陈设，包括家具的尺寸、造形、选材		29-1、按1：10或1：5比例手绘家具单体设计三视图 29-2、家具单体设计透视图。 29-3、家具图表
	30、依据整体空间，完成所有单体灯饰的具体设计，包括灯饰、尺寸、造型、选材、光源。		30-1、按1：10、1：5手绘灯饰设计三视图 30-2、灯饰设计透视图 30-3、灯饰图表
	31、按整体空间设计环境，完成艺术品、植物、摆件等，包括大致造形、尺寸、选材、色调等		31-1、相关艺术品图片参照 31-2、手绘概念草图 31-3、陈设品图表
	32、按整体空间设计环境，完成地毯、布幔等织物的图案、色彩、选料等设计		32-1、相关织物图片参照 32-2、织物、地毯图案及色彩设计图 32-3、实物打样
	33、按空间整体比例推敲各陈设单体之间的构图关系及相互比例搭配		33-1、1：30手绘家具与空间比例剖立面图 33-2、1：30手绘灯饰与空间比例剖立面图 33-3、1：30手绘陈设配置关系剖立面图
	34、按整体空间色调概念推敲、完善各陈设单体的色彩及材质配置		34-1、陈设色感文字详述 34-2、陈设材质文字详述
	35、完成陈设桌和灯光照明的对应关系		35-1、陈设照明平面、平顶布置图
	36、最终完善完成主题概念		36-1、主题概念文字简述 36-2、主题概念视觉图示

注：此图表在本书过程图例二（洛阳渝蓉缘酒店）中另有详图说明

4.施工图阶段

施工图阶段侧重项目负责人在施工图阶段中的工作控制。施工图要求详见制图规范。（《室内建筑工程制图》）

内容步骤	表述方式
1、明确图幅、比例、制图分区安排	
2、明确整套图纸的编制流程及内容	编制流程图
3、明确平面系列的各项具体内容及合并省略情况	编写平面内容系列分配
4、明确立面在平面中的具体索引	索引草图（平）
5、拟定各类设计图表	图纸目录表、设计材料表、灯光图表、灯饰图表、家具图表、陈设品表、材料商供应表
6、平面系列绘制、平顶系列绘制	CAD
7、平面、平顶系列拆图。完成材料、尺寸的标注和各立面索引的编号。	CAD
8、立、剖立面系列绘制	CAD
9、完成平、立、剖中的构造详图剖切索引	圈大样、放剖切号
10、最终完成节点网格图，明确详图编号	手绘节点网格编号图
11、绘制节点大样图，并进行图面排版	CAD
12、完成各节点详图所在图的编号	CAD
13、家具图绘制（单体）	CAD
14、灯具图绘制（单体）	CAD
15、其他陈设品绘制（单体）	CAD
16、陈设平面、立面、剖面的最终绘制	CAD
17、整理全套图纸，编写图纸序号，完成图纸目录表，并完善其他各类图纸	CAD
18、撰写设计说明	CAD
19、审校、修改、出图	CAD
20、设计用材的小样制作	样品，扫描图片
21、设计过程的文档整理归案	整理归案
22、整理该项目的家具、灯具的设计图，编入公司家具、灯具施工图集	CAD整理，A3幅面
23、整理该项目中有价值的施工节点，编入公司详图构造图集	CAD整理，A4幅面
24、负责整理保留来自甲方、工地的设计往来文件及设计修改通知。	

5.关于内容步骤与表述方式的使用说明

（1）由设计专项细化出的内容步骤，是针对各类设计方向与概念的综合性流程框架。在面对每个个案设计时，可视具体内容情况，对各内容步骤作出必要的选择，或可省略某些未涉及到的方面，或可合并某（几）项内容于同一表述方式中。

（2）在表述方式中，针对同一内容步骤，例举了多项可被选择的方式来表达。但在具体应用中无需一应俱全，可选用其中任意一种或数种方式，只要能清晰地表达出所反映的内容即可。

（3）在专项内容步骤与表述方式中，无论何种设计方向与概念，有些步骤是必不可少的，甚至其中绝大多数内容步骤是不可回避的。

（4）掌握理解了设计的思维方式，对于过程的内容与表述，可不断随设计思潮的发展而自行调整。

（5）设计过程除了在设计阶段与专项专题的立场上来总结外，更能通过思维过程的反复比较与选择来总结。对于任何一个专项专题内容，都需要反复经历如下过程和方式实现。

推敲 → 比较 → 验证 →
选择 → 确认

（6）本内容步骤与表述方式中的许多概念和做法是全新的，需要有一段过程来加以理解和体会。

6.设计概念与程序选择

如果将各种设计概念都广泛地包罗在内，室内设计的一般程序如下表。

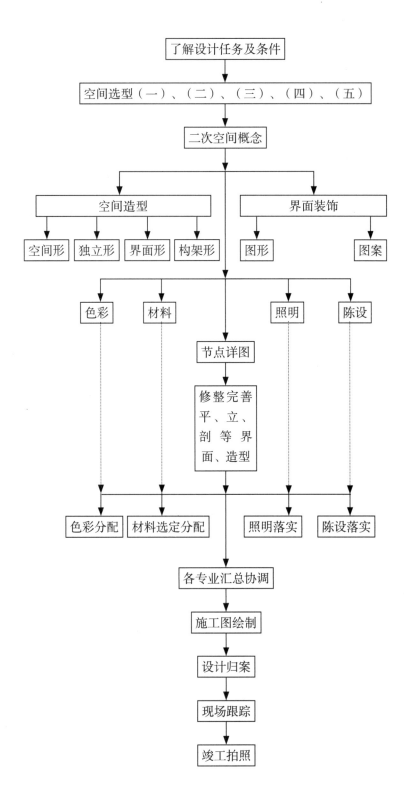

针对不同的设计概念，有不同的专项专题选择，即不同的设计程序路径，以空间构形（空间+造形+装饰）为例，有六种选择，但不限于六种选择。

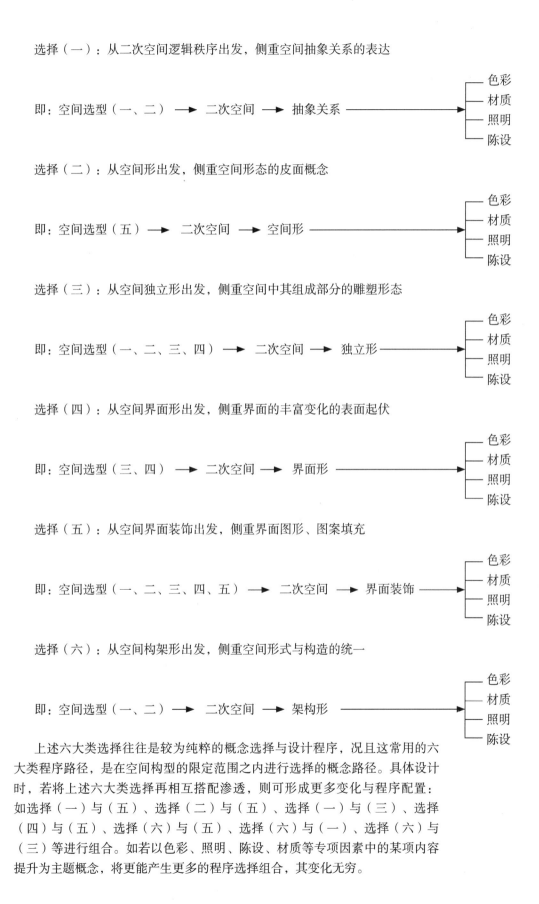

选择（一）：从二次空间逻辑秩序出发，侧重空间抽象关系的表达

即：空间选型（一、二）　➡　二次空间　➡　抽象关系　————➡　色彩　材质　照明　陈设

选择（二）：从空间形出发，侧重空间形态的皮面概念

即：空间选型（五）　➡　二次空间　➡　空间形　————➡　色彩　材质　照明　陈设

选择（三）：从空间独立形出发，侧重空间中其组成部分的雕塑形态

即：空间选型（一、二、三、四）　➡　二次空间　➡　独立形　————➡　色彩　材质　照明　陈设

选择（四）：从空间界面形出发，侧重界面的丰富变化的表面起伏

即：空间选型（三、四）　➡　二次空间　➡　界面形　————➡　色彩　材质　照明　陈设

选择（五）：从空间界面装饰出发，侧重界面图形、图案填充

即：空间选型（一、二、三、四、五）　➡　二次空间　➡　界面装饰　———➡　色彩　材质　照明　陈设

选择（六）：从空间构架形出发，侧重空间形式与构造的统一

即：空间选型（一、二）　➡　二次空间　➡　架构形　————➡　色彩　材质　照明　陈设

上述六大类选择往往是较为纯粹的概念选择与设计程序，况且这常用的六大类程序路径，是在空间构型的限定范围之内进行选择的概念路径。具体设计时，若将上述六大类选择再相互搭配渗透，则可形成更多变化与程序配置：如选择（一）与（五）、选择（二）与（五）、选择（一）与（三）、选择（四）与（五）、选择（六）与（五）、选择（六）与（一）、选择（六）与（三）等进行组合。如若以色彩、照明、陈设、材质等专项因素中的某项内容提升为主题概念，将更能产生更多的程序选择组合，其变化无穷。

第七章 归案及表述

第七章 归案及表述

1.归案概述

施工图完成后，归案是又一重要程序。

归案是在设计过程中对所解决的各类专项进行归纳整理。而各专项专题的研讨与解决，都是通过专业的表述方式来得以体现。

因此，归案的结果其实是对各特定表述方式的归纳展现。

通过严格详尽的归案程序，可以使设计者更完整、更清晰地梳理设计的思考过程和内容，加深对各项概念的理解，以便从中感悟到某些设计之道。归案是总结归纳，更是一种自我专业提升。所以，严格的归案工作，可以讲是为下一次设计飞跃打下认识的基础。

其次，通过严谨的归案程序，能详尽记录下设计全过程的每一个环节，是思维的专业化记录方式。为得是方便日后再次查阅时，对当初的设计思考有着记忆保鲜的作用，从而能方便设计者迅速地进入到设计状态。

如上，便是强调设计过程归案的作用与意义。

依据设计两大方面和十大专项的内容，设计过程的归案可分为十四大类。

归案依据设计过程中的专项内容整理。下文中的每个专项归案分为"归案内容"和"表述意义及概念说明"两部分组成。在此有以下几点说明：

1、归案内容例举了可能成为该设计归案内容的各种表述方式的可能性，但具体设计中并非一应俱全。

2、下文中标有"△"符号的内容，表示不论何种情况，都必须具备的归案表述内容。

3、下文中，对于某些标有"＊"符号的内容，表示该表述内容有必要在下文中对其内容概念及意义作用，作出进一步的诠释。

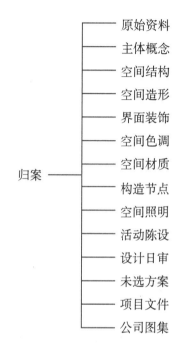

归案 —— 原始资料 / 主体概念 / 空间结构 / 空间造形 / 界面装饰 / 空间色调 / 空间材质 / 构造节点 / 空间照明 / 活动陈设 / 设计日审 / 未选方案 / 项目文件 / 公司图集

2.归案详述

2-1 原始资料

2-1-1 原始资料归案内容

①设计任务要求，与甲方文件往来、会议记录等

②建筑施工图、结构施工图、机电施工图

③现场资料情况

④相关设计参考资料

⑤解读结构色彩平面图 ＊ △

⑥原始空间关系解析草图 ＊

2-1-2 表述意义及概念解说

* 解读结构色彩平面图

将原建筑结构平面的梁位尺寸彻底掌握，进而使每种不同截面尺寸的梁分别对应一种颜色，并在结构平面图中绘出。旨在清晰、快速、系统地读识结构平面图中的所需内容。

* 原始空间关系解析草图

熟知原况，是开始设计的前提条件。对原始空间进行空间关系的多种解析探究，有助于构成新设计的起点。寻找暗藏其中的各种空间关系与布局的可能性，成为该图的主要作用。

2-2 主题概念 △

主题概念的表述方式十分简明，由概念的文字简述和视觉图示两部分组成，并贯彻整个方案设计和扩初设计始末。其在过程中的作用，是将概念提炼得更清晰、更彻底，从而使设计更有力，效果更强烈（见图7-01、7-02）。

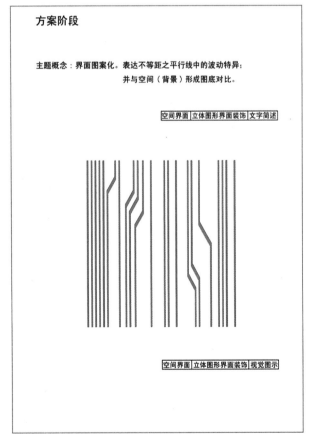

图7-02

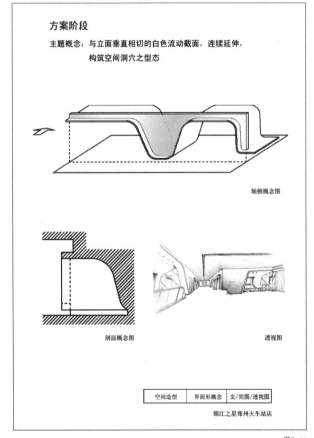

图7-01

2-3 空间结构

2-3-1 空间结构内容
①空间选型（一、二、三、四、五） *
②二次空间概念图（平面、立体） * △
③二次空间抽象关系解析图 * △

2-3-2 表述意义及概念说明
* 空间选型
空间选型是以数学坐标的概念来划分不同空间的形态构成，这样的划分体现出空间发展在不同历史阶段的特征与坐标理论是相吻合的。空间选型将空间具体分为五大类型，即：静态空间、流动空间、复合空间、运动空间、皮面空间。

* 二次空间概念图
选型是对空间类型的抽象划分，二次空间则是对具体建筑空间的抽象组合原则。二次空间（平面结构、立体结构）概念图，主要解决空间的秩序与组合逻辑，是抽象性的概念思考，可通过平面草图、轴测模型来表达。
二次空间概念的好坏，直接导致设计的最终结果，通过最初的二次概念图，能进一步提炼出空间中的各种抽象关系。通过快速手绘，可用来反映并验证二次空间的效果，并在此基础上做出再调整和发展，确定最终的二次空间概念图，从而为设计进一步发展奠定基础。这成为空间造型、空间色彩、空间材质、空间陈设、空间照明的空间分配指导总则。

* 二次空间抽象关系解析(详)图
二次空间的最终意义，是形成抽象逻辑关系。将二次空间中的抽象关系进行深入系统的解析，分别提取出不同的层次构成关系，使二次空间与抽象关系相融合。即二次空间中包含抽象关系，抽象关系又按二次空间来组合，使空间隐藏某种综合抽象关系。这种关系，又分别被引申到色彩、装饰、材质、照明、陈设等配置组合的选择中。这种彻底反映二次空间综合抽象关系的平面图，或者是轴测图被称作二次空间抽象关系解析图。一旦这种抽象关系被建立，其结果是看似简单的对象，却百看不厌、耐人寻味。常见的抽象关系有"围合"和"之间"、"对峙"与"并置"、"主体"与"客体"、"轴空间"与"非轴空间"等等，以此在色、光、材的领域内可发展出轻重、虚实、冷暖、透堵、深浅等等抽象对比关系（见图7-03、7-04、7-05、7-06、7-07、7-08、7-09）。

2-4 空间造型

2-4-1空间造型内容
空间造型按空间形、独立形、界面形、构架形的不同概念，分别包括：
①文字简述造型概念
②空间造型语言概念图示
（透视图、轴测图、图片参考或平、立、剖面图） * △
③（手绘）整体空间界面造型图（平面、顶面、地坪、主要剖立面、透视图
或三维建模或轴测图） * △

④（手绘）局部空间界面造型（局部剖切面、立面、小透视） ＊△
⑤整体空间透视图
⑥过程中之不同比较图

2-4-2 表述意义及概念说明

＊ 空间造型语言概念图示

将空间中所采用的造形设计简单明了地概括出一个基本的形象，使得造型概念符号化、概念化、公式化、甚至图形化地表达出来。其意义是通过该措施让设计在空间形这一专项概念上能清晰了再清晰，强化了再强化，以此形成具有统一明确设计语言和形态特色的空间形设计，即视觉公式（见图7-10、7-11、7-12、7-13）。

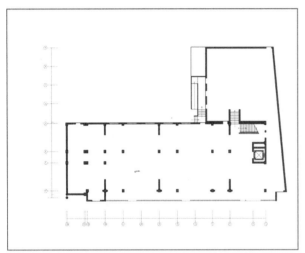

图7-03 一次空间原况

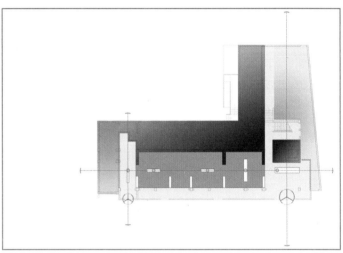

图7-04 二次空间平面

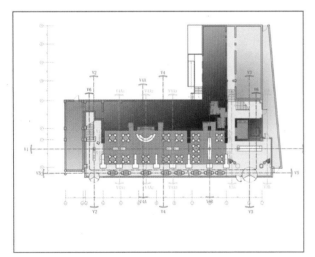

图7-05 二次空间抽象关系平面解析图

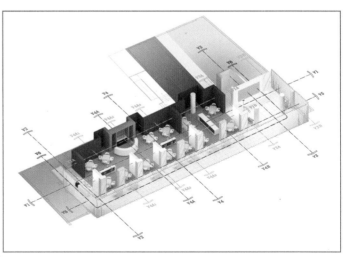

图7-06 二次空间抽象关系轴测图

本页详图见194~196页

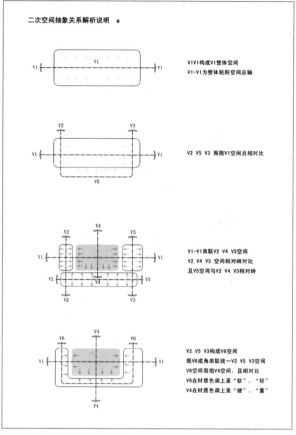

图7-07 二次空间抽象关系解析说明

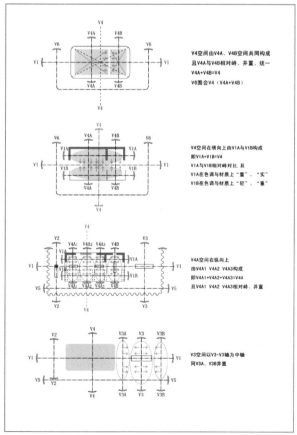

图7-08 二次空间抽象关系解析说明

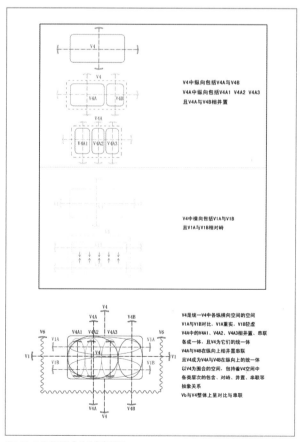

图7-09 二次空间抽象关系解析说明

造型概念：营造无厚度感的空间卷片，构成二次空间形态

锦江之星昆山同丰路店

图7-10 空间造型语言概念图示（锦江之星昆山店）

界面造型概念：卷片与卷盒的造型

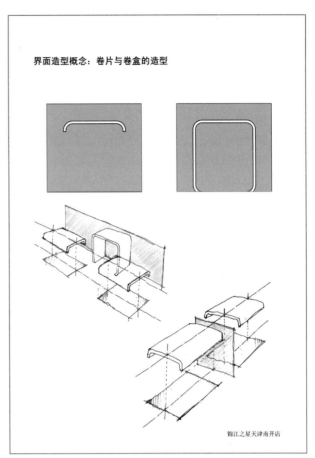

锦江之星天津南开店

图7-11 空间造型语言概念图示（锦江之星南开店）

造型概念："皮"面的自然延展

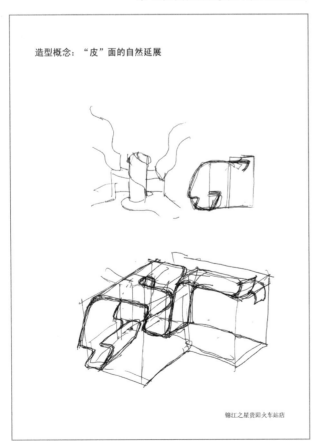

锦江之星贵阳火车站店

图7-12 空间造型语言概念图示（锦江之星贵阳店）

造型概念：片在空间中的运用

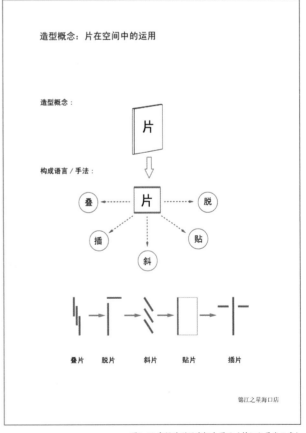

锦江之星海口店

图7-13 空间造型语言概念图示（锦江之星海口店）

* 设计手绘整体空间界面造型
* 设计手绘局部空间界面造型

通过手绘整体或局部界面造型的平面、顶面、立面、剖面、地坪、透视等图，来确定各界面造型。这是一个专业化、系统化的表达与审定过程，是一个由预设、验证、调整到落实的必经历程。

通过手绘可更精确、更全面、更敏感的落实设计概念，并在此基础上调整、完善设计概念，做到在正式进入施工图绘制前胸有成竹、深入仔细的解决众多问题。同时，通过手绘更能发现设计中未曾想到和隐藏其中的问题，从而得以调整、修改设计方案（见图7-14、7-15、7-16）。

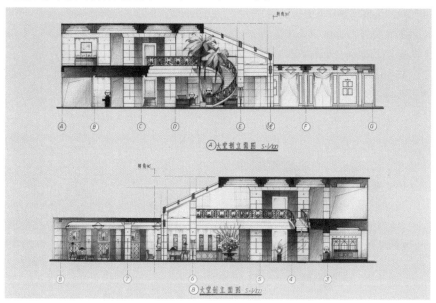

图7-14 上海安亭别墅酒店大堂界立面造型手绘图

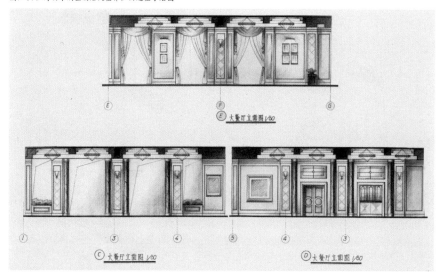

图7-15 上海安亭别墅酒店餐厅界立面造型手绘图

图7-16 局部空间界面造型推敲图

2-5 界面装饰

2-5-1界面装饰内容

①图片参照

②装饰图形、图案设计草图

③界面装饰空间分配平面布置图 *

④界面装饰空间分配轴侧布置图 *

⑤立面放样图

⑥过程中之不同比较图

2-5-2 表达意义及概念说明

* 界面装饰空间分配平面布置图

* 界面装饰空间分配轴侧布置图

在平面图或轴侧图上表达出界面装饰的立面位置，在二次空间原则下，分配界面装饰在整体空间中的构图摆位（见图7-17）。

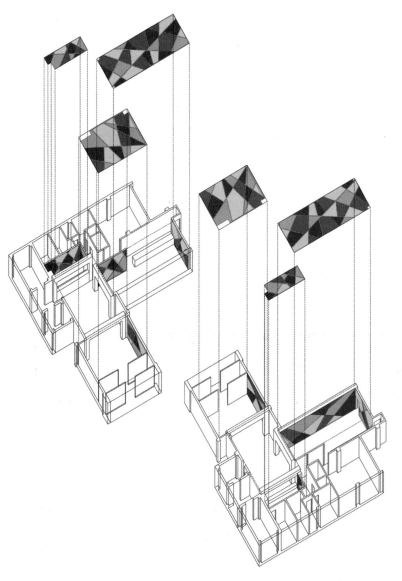

图7-17界面装饰空间分配轴测布置图

2-6 空间色调

2-6-1空间色调内容
①文字简述、色感描述　　　*　△
②色彩概念配比图　　　　*　△
③参考图片
④色彩透视图、轴测图　　*　△
⑤立面色彩分配平面示意图　*
⑥整体空间散点彩色透视图　*
⑦家具、陈设平面色彩配置图　*
⑧地坪色彩配置平面图
⑨过程之不同比较图

图7-18 色彩概念配比图

2-6-2 表述意义及概念说明

* 文字简述

文字简述，即色感的文字描述，能直接、迅速、正确地反映色感，并有力地概括出总体的色彩印象，使感觉上升到理性把握的水准。

* 色彩概念配比图

以平面色块构成的方式反映出色彩设计的概念，并将色彩在空间中所占面积的比重分别对应在色块面积大小的配比组合上，称为色彩概念配比图。该图十分直观地表述出色调的配置感觉，方便随时能迅速回味起瞬间的色调印象，持久地捕捉对色彩的新鲜感，并能最快进入色感初显时的印象冲动而进入状态，最终能有效准确的将色感对应成材料选择（见图7-18）。

* 色彩空间分配透视图、轴测图

该图是对色彩概念在空间分配中的直接反映、验证、推敲，能直观表达色彩概念的空间效果。是用色彩反映出二次空间指导原则的具体方式（见图7-19、7-20）。

图7-19 色彩空间分配透视图

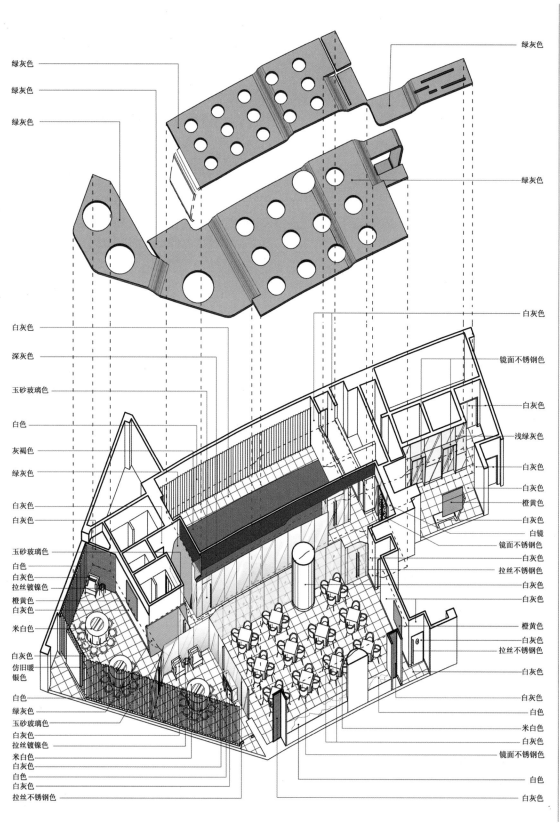

绿灰色

绿灰色

绿灰色

绿灰色

绿灰色

绿灰色

白灰色

白灰色

深灰色

镜面不锈钢色

玉砂玻璃色

白灰色

白色

浅绿灰色

灰褐色

白灰色

绿灰色

白灰色

白灰色

橙黄色

白灰色

白灰色

白镜

玉砂玻璃色

镜面不锈钢色

白色

白灰色

白灰色

拉丝镀镍色

拉丝不锈钢色

橙黄色

白灰色

白色

橙黄色

米白色

白灰色

拉丝不锈钢色

白灰色

白灰色

仿旧暖
银色

白灰色

白色

白色

绿灰色

白色

玉砂玻璃色

米白色

白灰色

拉丝镀镍色

白灰色

米白色

镜面不锈钢色

白灰色

白色

白色

白灰色

拉丝不锈钢色

图7-20 色彩空间分配轴测图

* 立面色彩分配平面示意图
　　以平面图的方式反映出不同色彩的空间立面分布，旨在将色彩分配融入到整体的空间关系中，是用色彩反映二次空间指导原则的保障措施。

* 整体空间散点彩色透视图
　　散点透视较之西方焦点透视能更全面、完整地表现出空间环境中的所有色彩关系，能帮助设计者清晰地验证、推敲色彩在空间中的分配效果。散点透视是以一种更为概念化的思维方式和表述途径，按空间上下左右的逻辑次序，平面化、全景式地呈现出空间各色彩的布置关系（见图7-21）。

* 家具、陈设平面色彩配置图
　　表述陈设在空间中的整体色彩构图关系，强化或丰富空间概念的表现。如餐厅中不同色彩面料的椅子组合在空间环境中的构图关系。

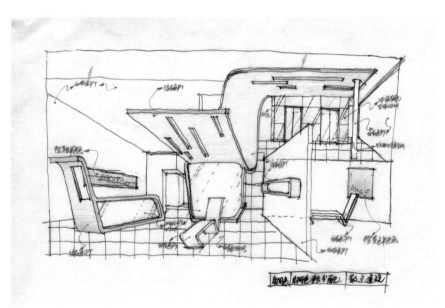

图7-21 整体空间散点彩色透视图

2-7、空间材质

2-7-1 空间材质内容
①概念文字简述　　　　　　*
②材质配置概念（样板）图　　*　△
③相关图片参考
④材质实样图板　　　　　　△
⑤设计用材图表　　　　　　△
⑥墙面材料平面布置示意图　　*　△
⑦材料空间分配透视图、轴测图　*　△
⑧材料空间分配散点透视图　　*
⑨地坪材料配置图　　　*
⑩材料分配文字详述
⑪过程中之不同比较配置

2-7-2 表述意义及概念说明

* 概念文字简述

将材质组合的抽象关系，即性格配置概念以简单的文字表述出来，如此，从感性到理性，能更清晰准确地把握住材料间质感肌理的构成关系。文字描述，有时能更恰当地把握住设计的意图。

* 材质配置概念（样板）图

充分反映上述概念文字的内容，寻找最初构成材料抽象关系的主要门类及材质，为深化材质设计提供指导方向（见图7-22、7-23）。

* 墙面材料平面布置示意图

表达墙面材料平面空间中的分配情况，通过该图的表达能促使材料设计更具有空间的整体逻辑秩序，由此进一步加强设计的二次空间概念。此外，能方便绘图员在实施施工图阶段对材料的立面分布情况有完整的认识，同时更能提示出不同材料相交点的节点内容（见图7-24）。

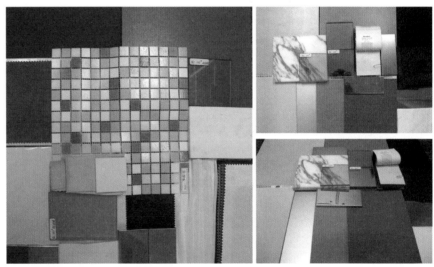

图7-22、7-23 材质配置概念（样板）图

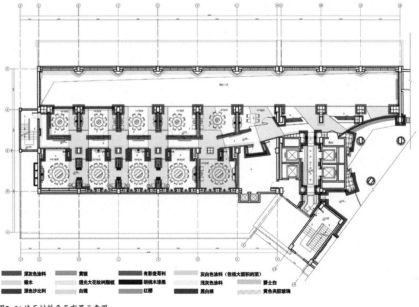

图7-24 墙面材料平面布置示意图

* 材料空间分配透视图、轴测图

该图是对材料概念在空间中的直接反映、验证、推敲，能直观表达材料概念的空间效果（见图7-25）。

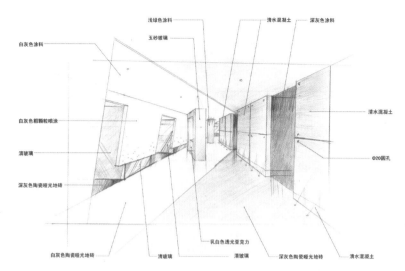

图7-25 材料空间分配透视图

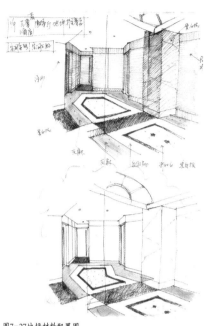

图7-27 地坪材料配置图

* 材料空间分配散点透视图

该图能更全面、完整地表现出空间环境中的所有材料关系，能帮助设计者清晰地验证、推敲材料在空间中的分配效果。散点透视是以一种更为概念化的思维方式和表述途径，按空间上下左右的逻辑次序，平面化、全景式地呈现出空间各材料的布置关系。

* 地坪材料配置图

地坪设计，通过图形与色调，最终落实于材料肌理与色彩的配置上。地坪的材料配置设计，往往是空间秩序的平面形式，是二次空间的图案化表现。尤其是在一些风格较为传统的大型空间中，地坪的材料配置通常是空间的亮点所在（见图7-26、7-27、7-28）。

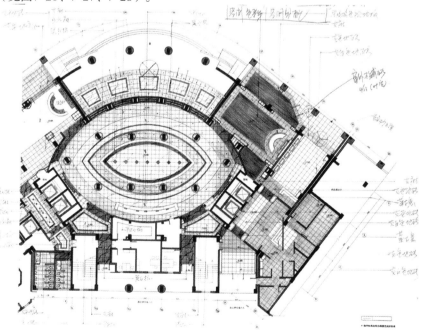

图7-27 地坪材料配置图

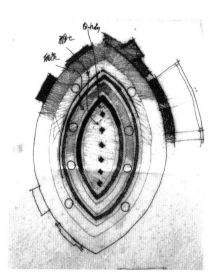

图7-28 地坪材料配置图（新虹桥酒店）

2-8、节点构造

2-8-1 节点构造内容
①手绘主要节点构造图　　　　　　* △
②节点网格图表　　　　　　* △
③过程中未被选用，但有参考价值的节点

2-8-2 表述意义及概念说明

* 主要节点构造图

按比例手绘主要的、有技术难度的、并影响设计效果的节点构造详图。同时通过对细部详图的推敲、落实，最终帮助确定空间平、顶、立、剖面的准确造形与尺寸（见图7-29）。

* 节点网格图表

节点网格图表是系统地对所有节点进行分类、尺寸、编号等因素的确定，并以网格图表的形式绘编。这是对节点编排整理的系统管理，尤为方便多人从事同一项目施工图绘制时。对节点编号的统一执行，杜绝遗漏节点，方便节点安排的分类条理化。同时通过图表排列，进一步审视设计造形语言的统一和谐，并能帮助设计者本人或他人在以后迅速回忆起当时设计的风格和感觉，从而以最快捷的速度进入设计状态。同时更能方便施工图绘制阶段的自检自查工作（见图7-30）。

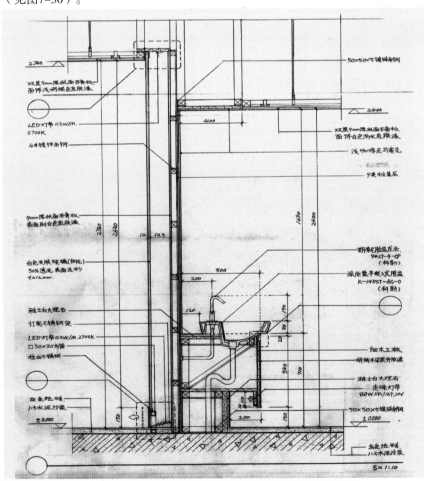

图7-29 主要节点构造图

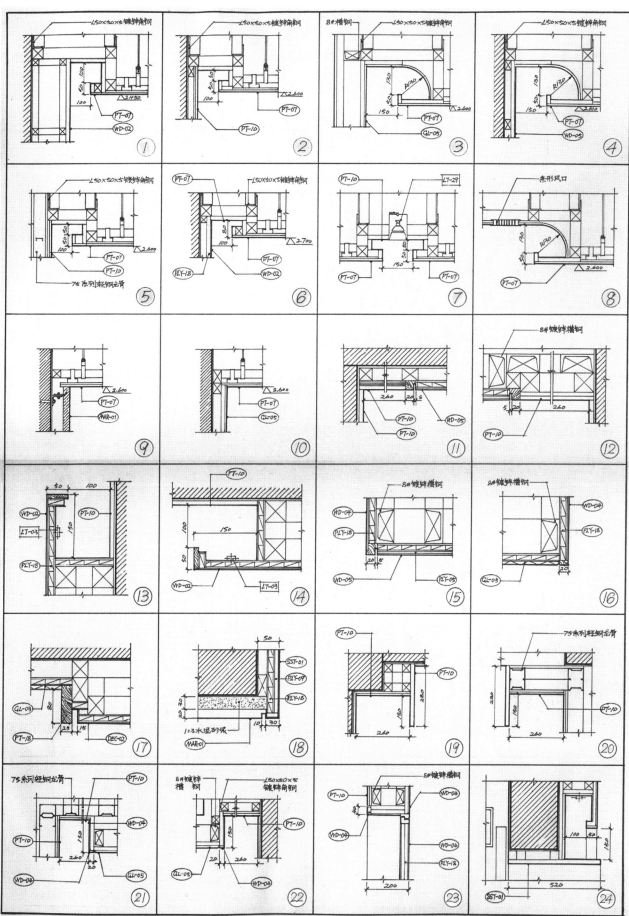

图7-30 节点网格图表

2-9、空间照明

2-9-1 空间照明归案内容

① 文字描述　　　　　*
② 相关图片参照
③ 照明概念图示　　　　　* △
④ 光源布置方式图　　　　*
⑤ 照明效果素描关系图　　* △
⑥ 空间照度比平、立、剖面配置图 *
⑦ 光源投射圈平面照度布置图　* △
⑧ 空间垂直向各水平照度布置图　*
⑨ 洗墙光束立面定位尺寸图　* △
⑩ 陈设照明定位图　　　　*
⑪ 灯光控照器平面平顶布置图　*
⑫ 灯光图表　　　　　　* △

2-9-2 表述意义及概念说明

* 文字描述

用恰当的文字描写，来表达设计概念，并能通过描述激发对空间光感的想象，甚至能表达出绘图所无法表现的内容。

* 照明概念图示

表达了关于照明方式及照明效果在内的简单概念图示（见图7-31）。

* 照明效果素描关系图

根据初步的照明布光设计方案，以黑白素描的手法来预设空间照明效果。采用深底色的纸为表述媒介，将空间首先视为一片无光亮的环境，在此环境进行布光构图，使描绘上去的光源照明统一呈现在一片较深（黑暗）的空间背景中，强化对比关系，强调布光点与布光形式在该关系图中的位置与作用，由此来审视设计的构图位置、照明强弱等照明整体效果。照明效果描述关系图是光源布光方式图的三维视觉图解（见图7-32）。

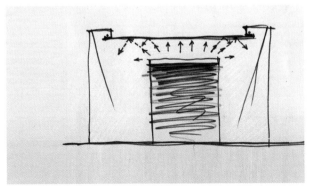

图7-31 照明概念图示，亮包暗，以背递光的方式勾显空间轮廓

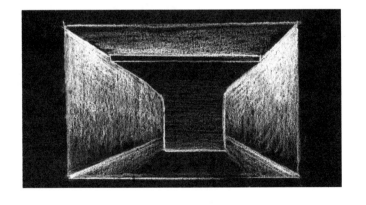

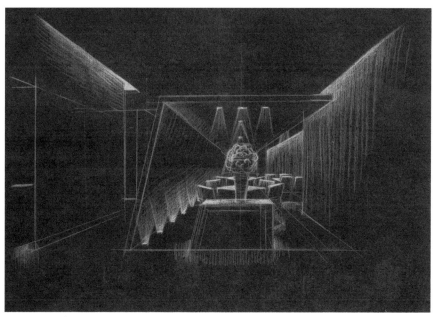

图7-32 照明效果素描关系图

* 光源布光方式图

　　常用剖立面图来表达投光的布置形式，往往是一些较为特殊的投光布置，并能创造性地解决空间所需界面的照明效果（见图7-33、7-34）。

* 空间照度比平、立、剖面配置图

　　这是决定空间不同区域环境的照度值分区比例图，以此构成空间照明的层次节奏与整体空间的序列要求，是构成光环境设计的主要概念之一。如同体现色彩对材料选择的对应转换关系一般，光度比在空间中的配置，将决定光源类别和光源参数，以及光源数量与排列间距等因素的选择。

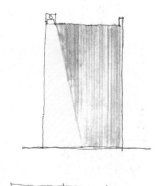

图7-34 光源布光方式图

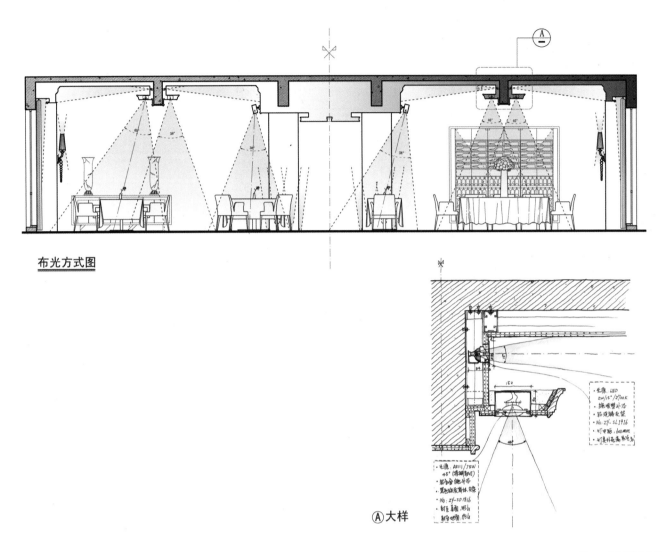

布光方式图

Ⓐ大样

图7-33 光源布光方式图

* 光源投射圈平面照度布置图

照明光束在空间中的光源投射圈范围，尤其对直接功能性照明范围的界定，从而进一步推算出光源投射圈的水平照度值与光源分布间距，并在照度比的要求下，求取其他空间部位的照度值（见图7-35、7-36）。

* 空间垂直向各水平照度布置图

分析并落实在同一空间中不同标高处的水平界面照度值；分析并落实同一光源在不同标高处的水平界面照度值，从而明确所需光源的类别和参数，完善光源配置投射圈平面照度布置（见图7-37）。

* 洗墙光束立面定位尺寸图

明确洗墙光源的光束配光角度、光束间的布置间距与洗墙立面装饰分割的关系，明确洗墙光源的类别及照度（见图7-38）。

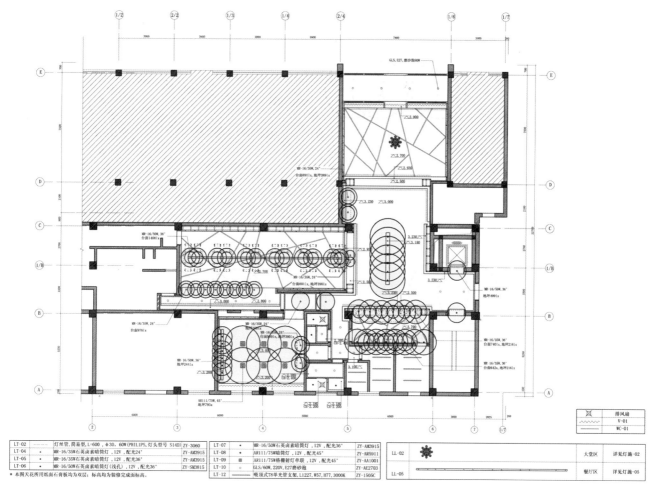

图7-35 光源投射圈平面照度布置图

* 陈设照明定位图

　　完成陈设与照明的直接对应关系，并明确光源类别及具体照明参数，明确照明控照器的选择（见图7-39）。

* 灯光控照器平面、平顶布置图

　　任何光源都需要合适的控照器相匹配，而控照器决定着光源的投射方式、方向、配光曲线等技术因素。灯光控照器平面、平顶布置图就是将平面、平顶中的光源选配合适的控照器，并注明编号和产品型号。

* 灯光图表

　　详细表述光源、控照器的技术参数，以及产品型号和设计编号。

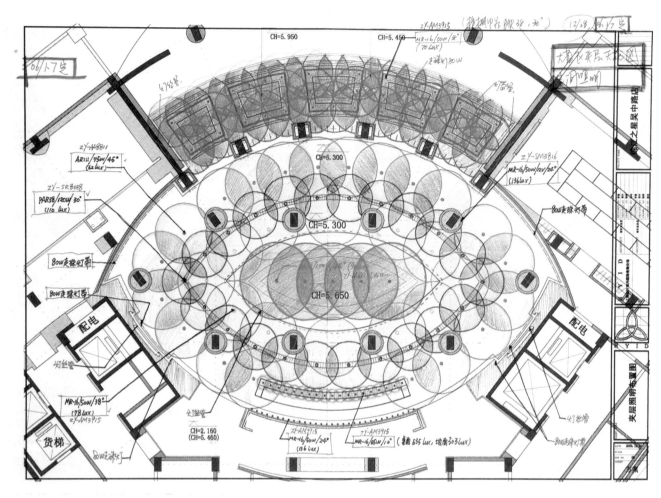

图7-36 光源投射图平面照度布置图

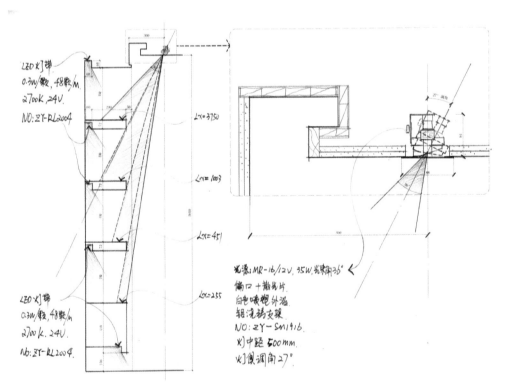

图7-37 空间垂直向各水平面照度布置图

2-10、活动陈设

2-10-1活动陈设归案内容

① 文字描述及相关概念图片参照

② 陈设点布置平面空间关系解析图　＊△

③ 陈设色彩配置透视图　　　＊△

④ 陈设色彩平面配置图　　　　△

⑤ 家具单体设计三视图　　　＊△

⑥ 灯饰单体设计三视图　　　＊△

⑦ 艺术品等图片参照　　　　△

⑧ 织物、地毯图案及色彩设计图　＊

⑨ 陈设配置关系剖立面图　　＊△

⑩ 整体空间散点透视色彩配置陈设图　△

⑪ 陈设品图表　　　　　△

⑫ 家具图表　　　　　　△

⑬ 灯饰图表　　　　　　△

⑭ 过程中推敲的其他方案

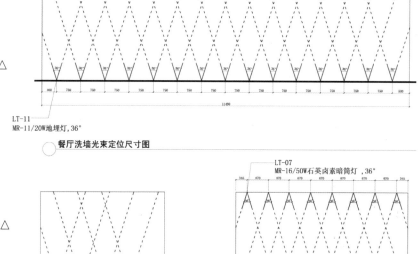

图7-38 洗墙光束立面定位尺寸图

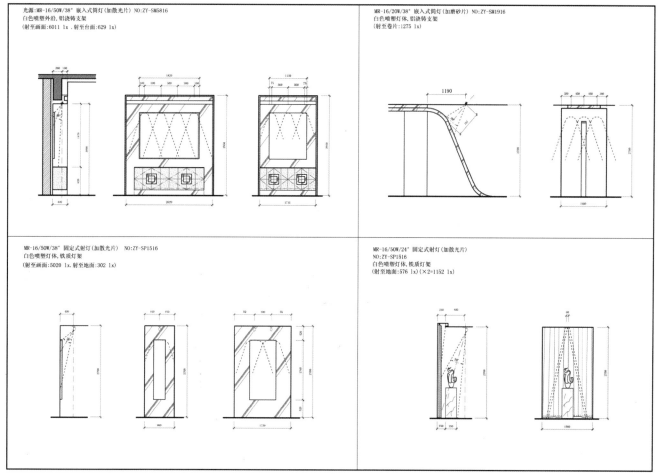

图7-39 陈设照明定位图

2-10-2表述意义及概念说明

* 陈设点布置平面空间关系解析图

以二次空间的立场来分析对待陈设点的平面布置定位，完善各陈设点与二次空间构图的和谐感（见图7-40）。

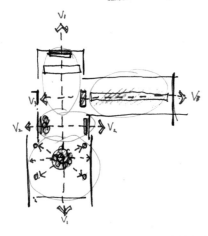

图7-40 陈设点布置平面空间关系解析图

* 陈设色彩配置空间透视图

将各陈设置于空间各界面环境的色调中，然后进行整体色彩的再配置，从而确保陈设的配置色彩在整体色调的概念之下和谐共存。而此时，对于各陈设单体造形可以是模糊的，不确定的。即先进行陈设的空间配色，再进行陈设单体的深化设计。

* 陈设色彩平面配置图

以平面图的方式，整体的将各陈设色彩置于平面空间中来进行组合分配。使陈设色彩的布局既符合二次空间原则，又符合空间色彩概念的需求（见图7-41）。

* 家具、灯饰单体设计图

为配合整体环境设计的最终效果，家具和灯饰需要设计师专门设计。家具、灯饰设计图包括单体的透视图、单体三视图，以及将单体家具、灯饰置于整体空间中的透视图（见图7-42、7-43）。

* 织物、地毯图案及色彩设计图

解决空间中织物，尤其是地毯的色调与图案设计，这亦是形色同一论的设计难题（见图7-44）。

* 陈设配置关系剖立面图

该图是反映陈设配置关系，尤指比例的配置关系，并以此来验证陈设物与空间和界面的相互组合与构图关系，同时方便推敲各陈设物间的大小尺寸与环境比例的协调问题（见图7-45）。

图7-41 陈设色彩平面配置

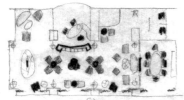

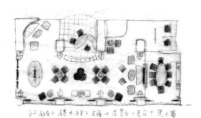

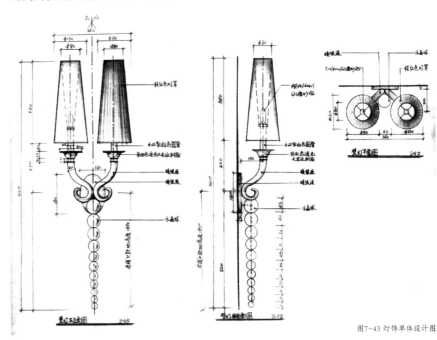

图7-43 灯饰单体设计图

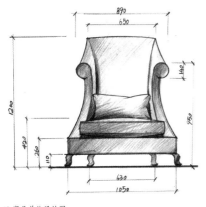
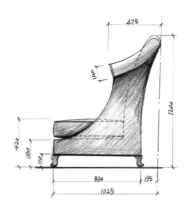
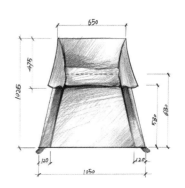

图7-42 家具单体设计图

2-11、其他

2-11-1设计日审

设计日审表，反映项目组的工作深度，了解各成员的具体工作情况，亦是反映项目负责人的工作成果。通过日审表能使施工图中的错误纠正并有所保障，并对已提出修改的书面通知，可逐一审查核对其修改情况，严防遗漏内容。

2-11-2未选方案

将其他未选方案，但有一定参考价值的方案归案，以备后用。

2-11-3项目文件

将设计过程中与甲方、工地、相关专业等往来的设计文件记录，以及设计变更等资料归案。

2-12 设计图集

设计图集包括：构造详图集、家具设计图集、灯饰设计图集

设计图集就是将每个设计项目中有参考价值的构造设计、家具设计、灯具设计提取出来，分别汇编成册。

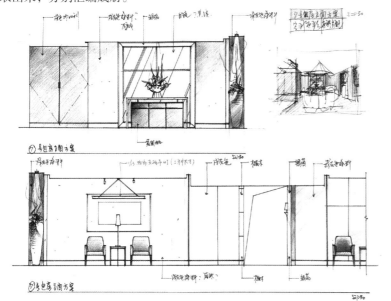

图7-45 陈设配置关系剖立面图

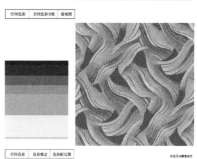

图7-44 织物、地毯图案及色彩设计图

图 例

过程图例一

锦江之星上海世博村店

初始阶段

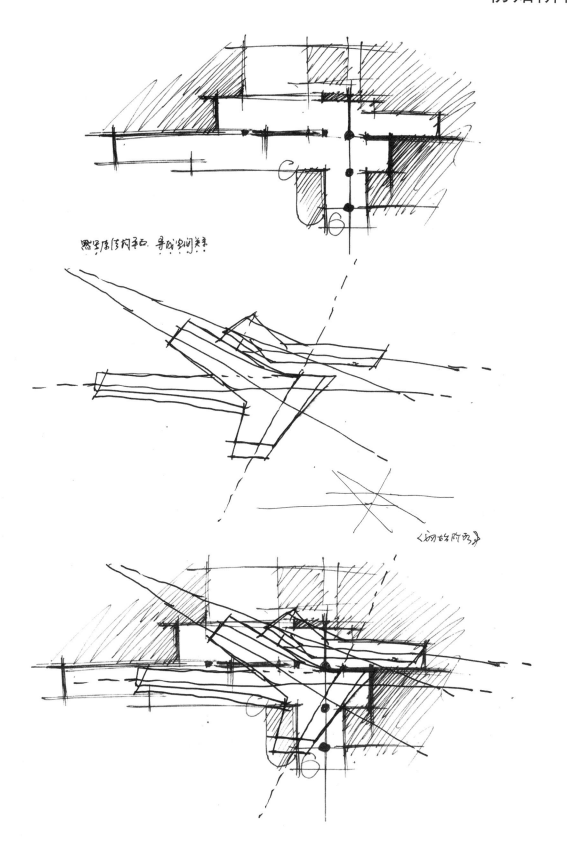

方案阶段

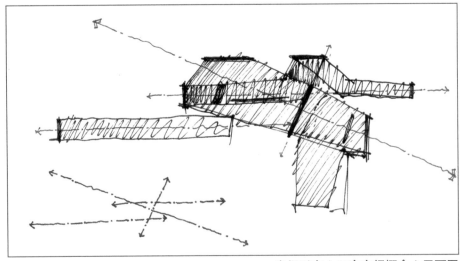

空间形态 | 二次空间概念 | 平面图

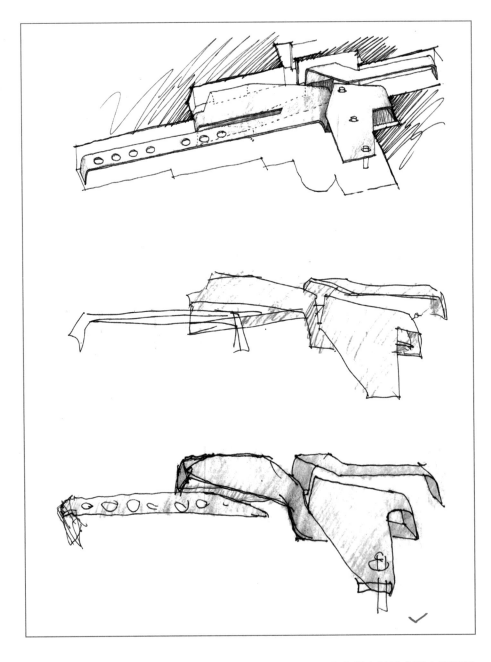

二次空间 | 随笔草图 | 平面图

方案阶段

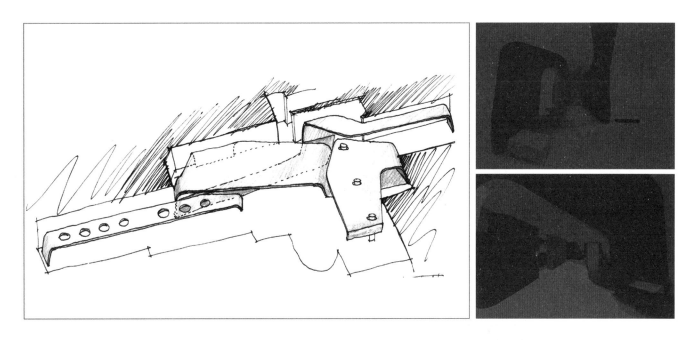

空间形态 | 整体空间造型 | 轴测图

空间形态 | 整体空间造型 | 空间模型

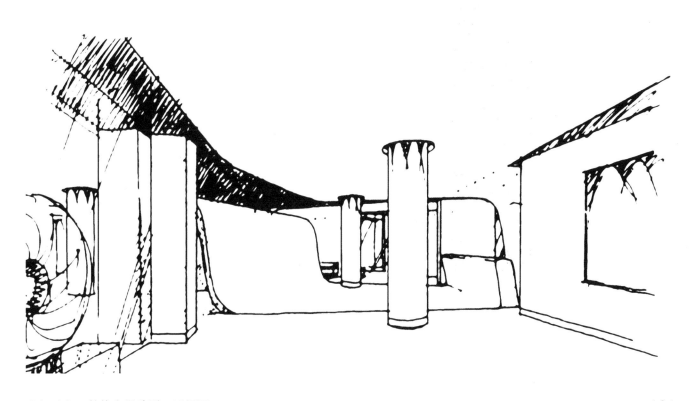

空间形态 | 整体空间造型 | 透视图

方案阶段

空间色彩概念：黑、白、红

空间色彩 | 色彩概念 | 文字简述

空间色彩 | 色彩概念 | 色块配比图

方案阶段

照明概念：1、用灯光构建建筑一次空间的低亮度与室内二次空间高亮度之
　　　　　　层次对比
　　　　　2、一次空间的低亮度包围二次空间的高亮度

空间照明 | 照明概念 | 文字简述

空间色彩 | 照明概念 | 视觉图示

方案阶段

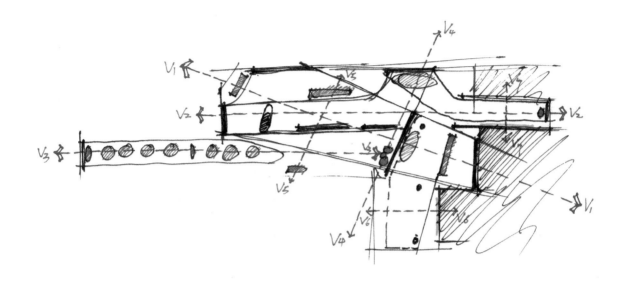

陈设体

装饰画

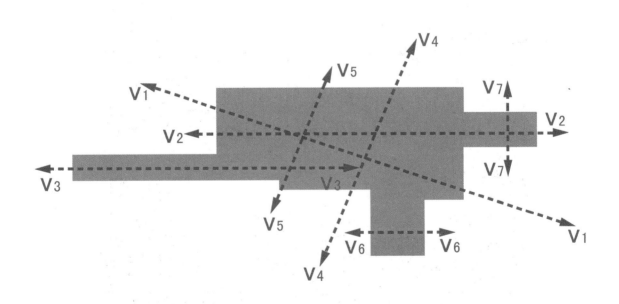

方案阶段

主体概念：在固有建筑空间中建构连续延展的卷片，打破天、地、墙的分
界感，并强调空间的成角组合。

空间形态 | 整体空间造型概念 | 文字简述

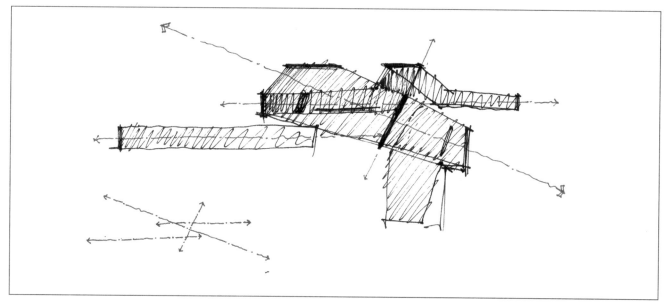

空间形态 | 二次空间平面概念 | 视觉示图

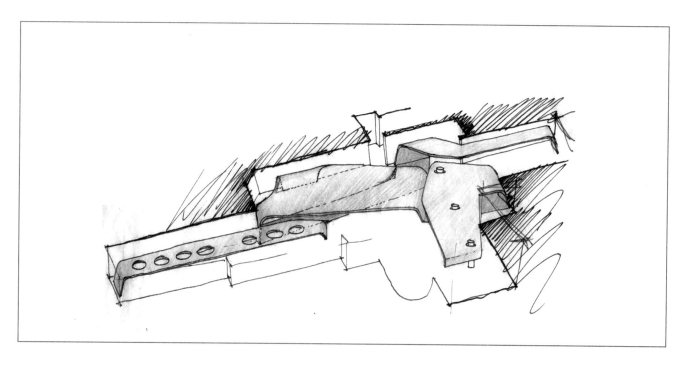

空间形态 | 二次空间立体概念 | 视觉示图

扩初阶段

1.锦江之星入口
2.百时入口
3.大堂
4.总台
5.房价、天气预报显
　示器,台式电子钟
6.休息区
7.电话、上网
8.电梯厅
9.显示屏(TV)
10.自动售货区
11.餐厅
12.吧台
13.厨房
14.大会议室
15.行李房
16.女卫生间
17.男卫生间
18.清洁间
19.营业、经理
20.消控室

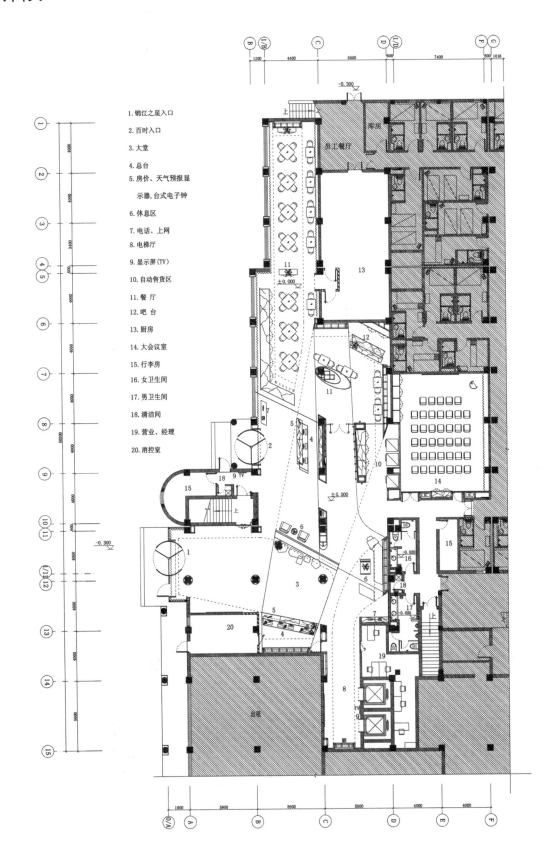

扩初阶段

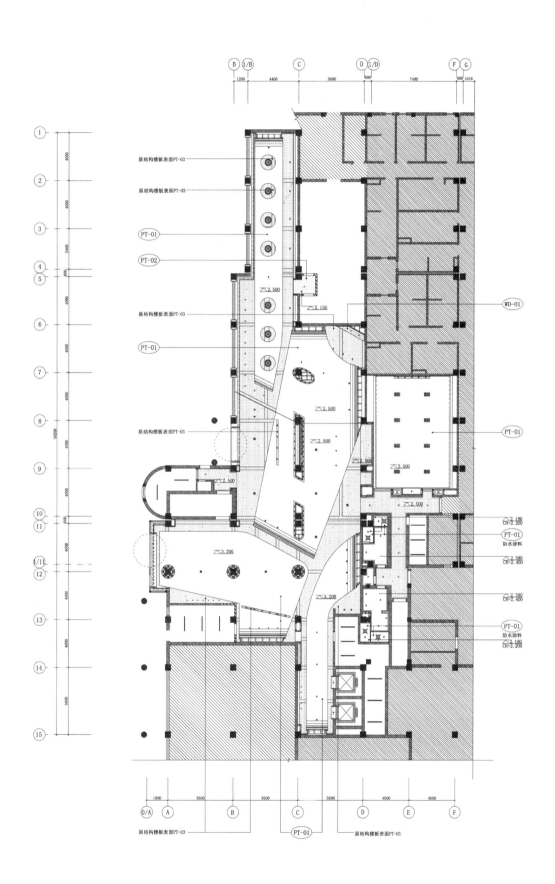

扩初阶段

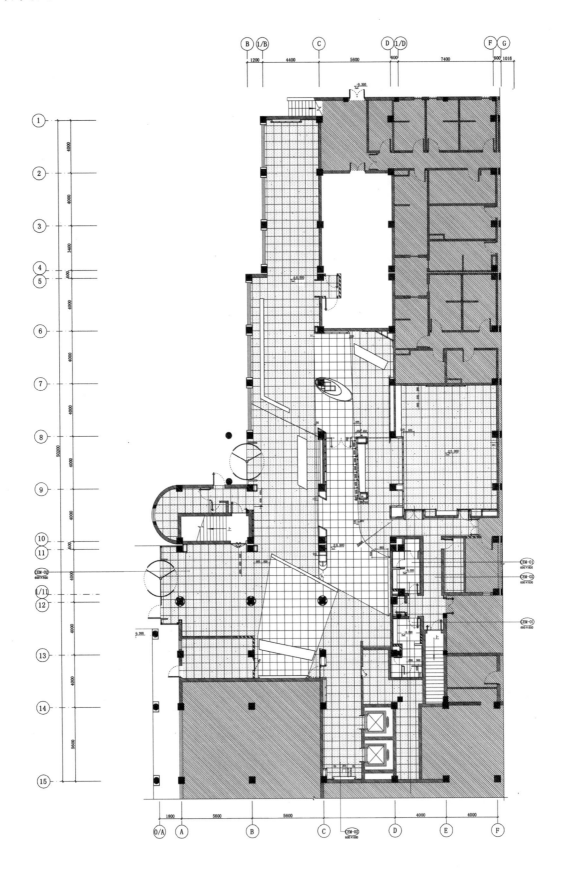

扩初阶段

推敲自助服务区造型

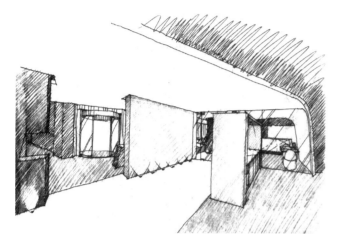

空间形态 | 局部空间界面造型推敲 | 透视图

推敲顶棚、斜柱、服务台造型

空间形态 | 局部空间界面造型推敲 | 空间模型

扩初阶段

推敲顶棚、地坪、斜柱造型

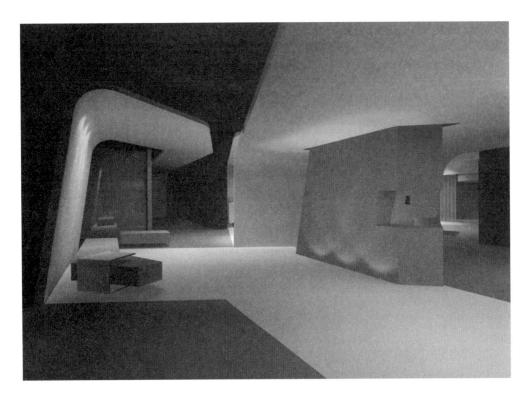

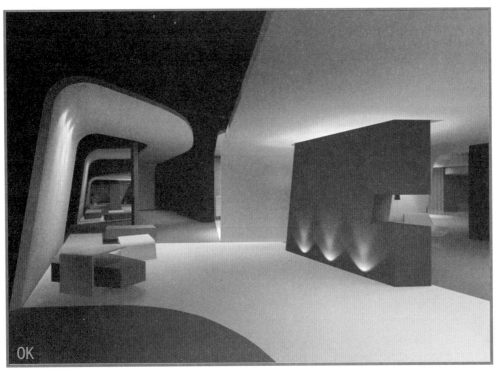

扩初阶段

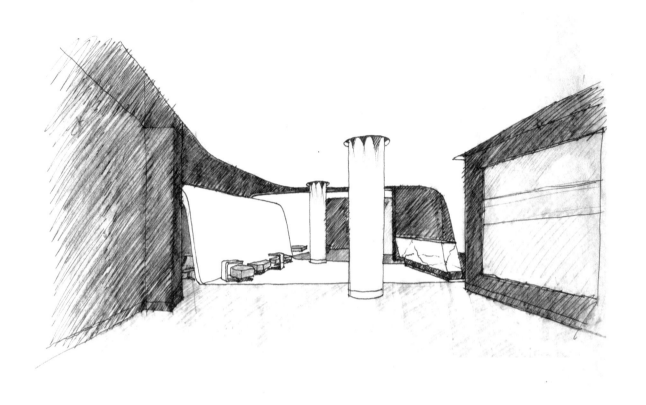

空间形态 ｜ 整体空间造型 ｜ 定稿透视图

扩初阶段

扩初阶段

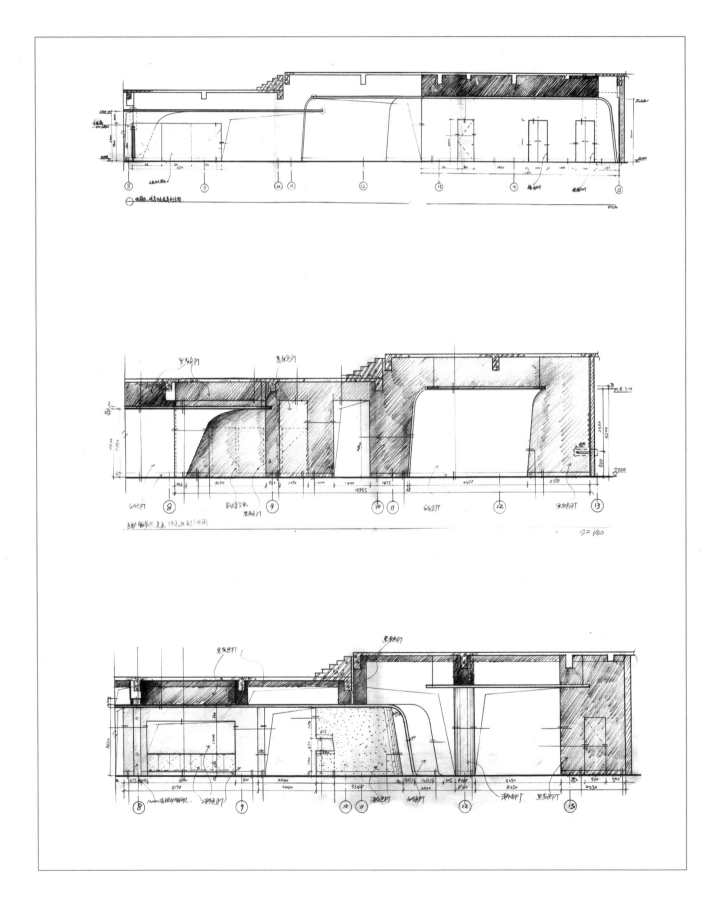

扩初阶段

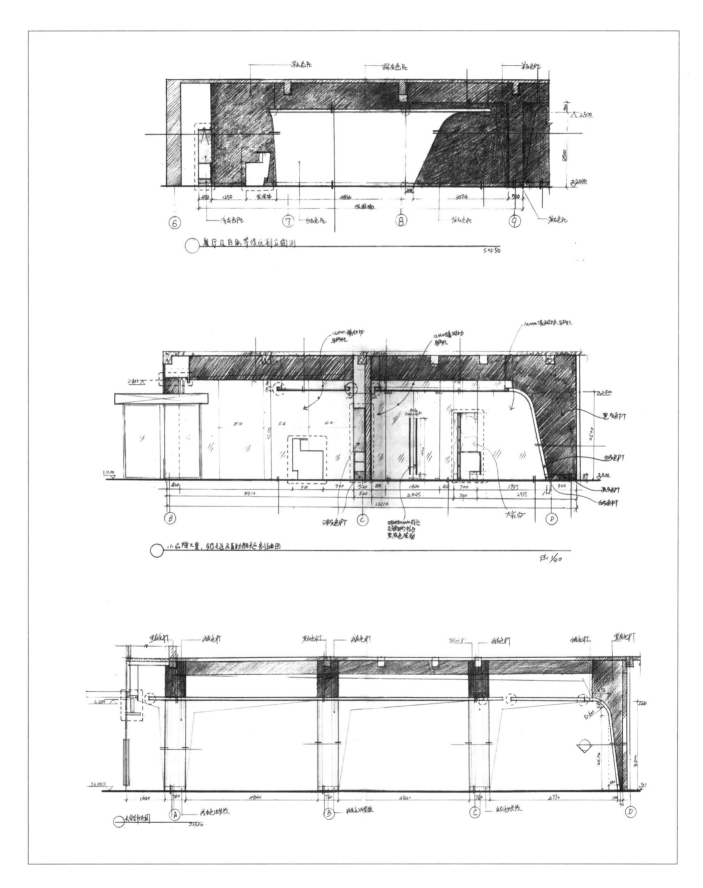

扩初阶段

空间中连续延展的卷片：白灰色

大堂入口： 浅灰色圆柱，深灰色，中灰色，拉丝不锈钢色

大堂：   大面积黑灰色墙，原建筑平顶、梁，浅灰色圆柱，白色茶几，白色台 面，黑灰色柜体，红色沙发，白色地面，中灰色地面

电梯厅：   大面积黑灰色墙，原建筑平顶、梁，浅灰色墙面，镜面不锈钢门套，中灰色地面，黑白色调画面，白色台子

休息上网区： 黑灰色墙，原建筑顶、梁，深灰色墙面，黑白色调画面，白色台面，中灰色地面，深灰色沙发，白色茶几，红色沙发，白灰色地面

走道：   大面积黑灰色墙、顶，中灰色地面、黑灰色拉手

卫生间：   中灰色墙面，白灰色顶、地界面，黑色隔断，乳白色镜前灯，白色台面，黑色柜身

会议室：   白灰色平顶，白色窗帘，浅灰色墙面，黑灰色墙面，白色台面，黑灰色柜身，黑白色调画面，黑色画框，中灰色地面

自助服务区： 大面积黑灰色墙、顶、界面，白色墙面，黑白色调画面，黑色画框，白色台面，白灰色柜身，中灰色地面

百时入口：   大面积黑灰色原建筑墙、顶界面，白色窗帘，白色条桌，拉丝不锈钢色门套，中灰色地面

百时总台：   浅灰色墙面，白色台面，黑灰色柜身，中灰色地面

百时休息区： 深灰色墙面，中灰色地面，红色沙发椅，红色灯罩，黑灰色台灯支架

餐厅入口：   白灰色地面，浅灰色墙面，白色矮墙，黑灰色拉手，黑灰色椭圆柱

餐厅：   大面积黑灰色原结构顶、墙界面，浅灰色墙面，中灰色地面，白灰色地面，白色窗帘，白色备餐台台面，镜面不锈钢色备餐台柜身，白色餐桌台面，镜面不锈钢色餐桌支架，白色餐椅，红色花，白色台面茶水柜，镜面不锈钢柜身

餐厅吧台：   白色台面，黑灰色柜身

白灰色：   空间中连续延展的卷片，自助服务区柜身，会议室顶

白色：   窗帘，大堂休息区茶几，总台台面，上网台台面，餐厅入口矮墙，百时总台台面，百时上网桌，备餐台台面，餐桌台面，餐厅吊灯，茶水柜台面，餐椅，吧台台面，会议室茶水柜台面，卫生间地面，卫生间台面，卫生间壁灯

浅灰色：   大堂圆柱，电梯厅墙面，餐厅入口墙面，会议室墙面

中灰色：   大堂、餐厅、走道、会议室、卫生间墙面

深灰色：   大堂休息区沙发，休息区走道墙面

黑灰色：   大堂、电梯厅、餐厅、走道、会议室墙面，原建筑顶、梁，餐厅椭圆柱，总台柜身，百时总台柜身，吧台柜身，门拉手

红色：   大堂休息区沙发，百时休息区沙发椅，台灯灯罩，餐桌台面花

镜面不锈钢色：电梯厅门套，餐桌支架，百时休息区沙发椅支架，备餐台柜身，茶水柜柜身

扩初阶段

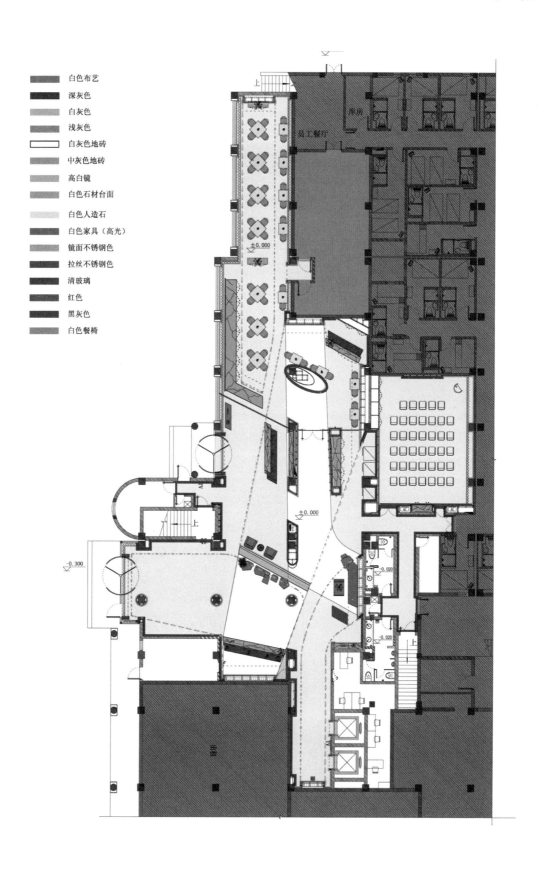

白色布艺
深灰色
白灰色
浅灰色
白灰色地砖
中灰色地砖
高白镜
白色石材台面
白色人造石
白色家具（高光）
镜面不锈钢色
拉丝不锈钢色
清玻璃
红色
黑灰色
白色餐椅

扩初阶段

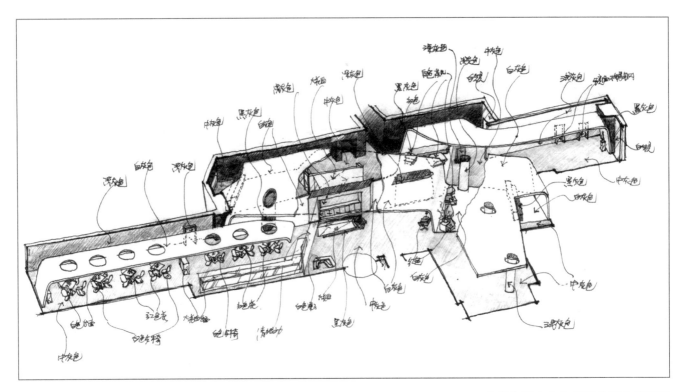

空间色彩 | 空间色彩分配 | 轴测图

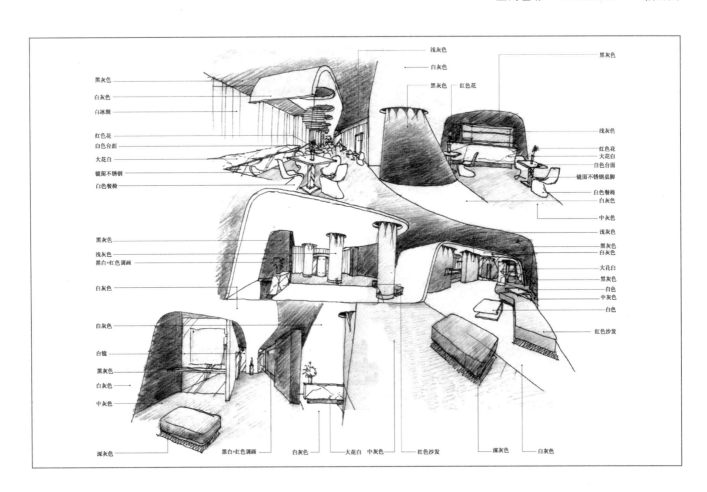

空间色彩 | 空间色彩分配 | 散点透视图

扩初阶段

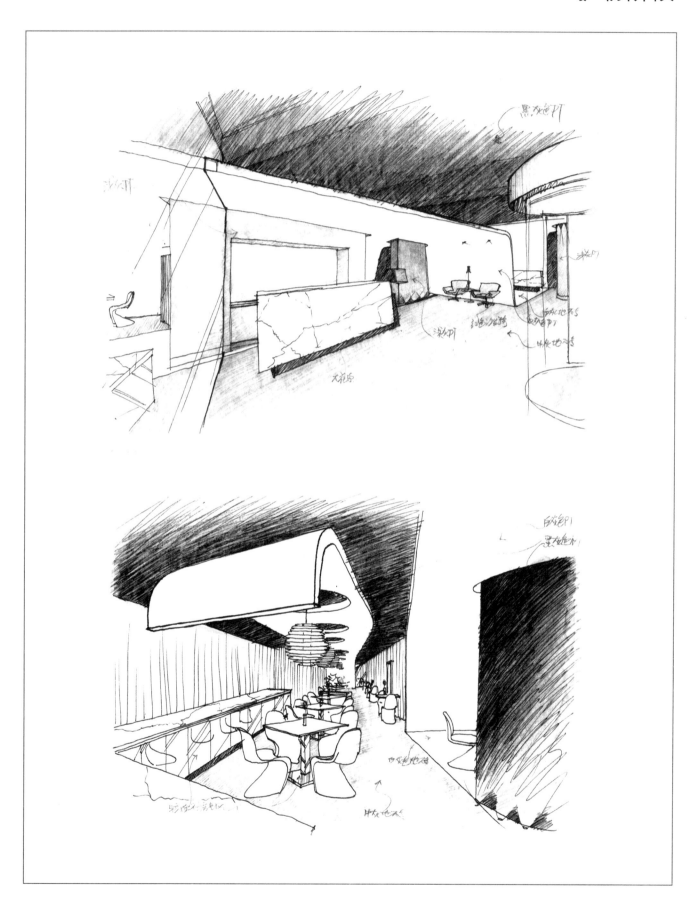

扩初阶段

扩初阶段

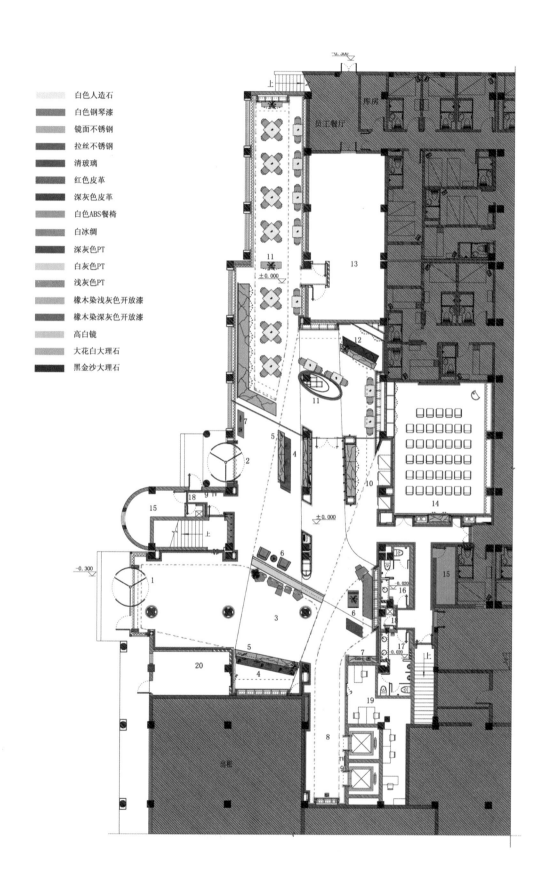

白色人造石
白色钢琴漆
镜面不锈钢
拉丝不锈钢
清玻璃
红色皮革
深灰色皮革
白色ABS餐椅
白冰绸
深灰色PT
白灰色PT
浅灰色PT
橡木染浅灰色开放漆
橡木染深灰色开放漆
高白镜
大花白大理石
黑金沙大理石

扩初阶段

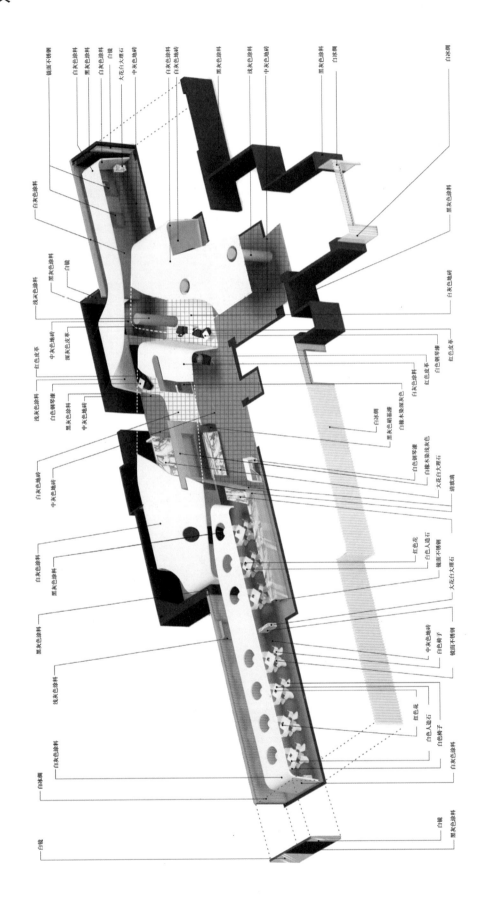

扩初阶段

空间中连续延展的卷片：白灰色涂料，不锈钢表面白灰色烤漆踢脚

大堂入口：白冰绸，拉丝不锈钢门，浅灰色圆柱，中灰色地砖，黑灰色涂料墙，黑灰色涂料原结构顶、梁，不锈钢表面浅灰色烤漆圆柱踢脚，不锈钢表面黑灰色烤漆踢脚

大堂：白色钢琴漆茶几，大花白总台台面，浅灰色圆柱，黑灰色硝基漆总台柜身、门、门套，红色皮革沙发，黑灰色涂料墙面，不锈钢表面浅灰色烤漆圆柱踢脚，不锈钢表面黑灰色烤漆圆柱踢脚

大堂休息区：白色钢琴漆茶几，大花白上网台面，中灰色地砖，红色皮革沙发，白镜墙面，黑灰色涂料原结构顶、梁，黑灰色涂料墙面，橡木染深灰色硝基漆墙面、踢脚

电梯厅：浅灰色涂料墙面，不锈钢表面浅灰色烤漆踢脚，镜面不锈钢门套，白镜墙面，黑灰色涂料原结构顶，黑灰色涂料墙面，黑灰色硝基漆门、门套，不锈钢表面黑灰色烤漆踢脚，中灰色地砖

走道：中灰色地砖、黑灰色涂料顶面、墙面，黑灰色硝基漆门、门套，不锈钢表面黑灰色烤漆踢脚、拉手

卫生间：白灰色涂料顶，中灰色瓷砖墙面，白灰色地砖，水曲柳染黑隔断，乳白色镜前灯，大花白大理石台面，水曲柳染黑柜身洗手台

会议室：白灰色涂料顶，白冰绸窗帘，浅灰色涂料墙面，不锈钢表面浅灰色烤漆踢脚，吸音木丝板表面黑灰色涂料，黑灰色硝基漆门、门套，黑灰色硝基漆柜身茶水柜，大花白台面，白镜

自助服务区：黑灰色涂料原结构顶、墙界面，不锈钢表面黑灰色烤漆踢脚，中灰色地砖，大花白大理石矮隔墙，大花白大理石台面，白灰色硝基漆柜身，白镜

百时大堂：灰色涂料原结构顶、姐面前，不锈钢表面黑灰色烤漆踢脚，中灰色地砖，橡木染浅灰色硝基漆墙面、踢脚，橡木染深灰色硝基漆墙面、踢脚，红色皮革沙发椅，镜面不锈钢沙发椅支架，清玻璃茶几，镜面不锈钢茶几支架，黑色烤漆台灯灯座，红色布质台灯灯罩，大花白总台，黑灰色硝基漆柜身，白色钢琴漆上网桌，拉丝不锈钢门套，清玻璃门

餐厅入口：橡木染浅灰色硝基漆墙面，清玻璃门、隔墙，不锈钢表面黑灰色烤漆拉手，黑灰色涂料椭圆柱，不锈钢表面黑灰色烤漆踢脚

餐厅：白冰绸窗帘，中灰色地砖，浅灰色涂料墙面，浅灰色硝基漆门、门套，不锈钢表面浅灰色烤漆踢脚，黑灰色涂料原结构顶、墙界面，不锈钢表面黑灰色烤漆踢脚，黑灰色硝基漆吧台、柜身，橡木染浅灰色硝基漆柜身，大花白大理石台面，镜面不锈钢自助餐台、柜身，大花白大理石茶水柜台面，镜面不锈钢茶水柜柜身，白色塑料餐椅，白色人造石餐桌台面，镜面不锈钢餐桌支架，红色花

扩初阶段

白灰色涂料： 空间中连续延展的卷片墙、顶，卫生间平顶，会议室平顶

浅灰色涂料： 大堂圆柱，电梯厅墙面，回忆室墙面，餐厅墙面

黑灰色涂料： 原结构平顶、梁、墙界面，大堂，电梯厅，自助服务区，餐厅墙界面，餐厅椭圆柱，走道平顶、墙界面、会议室墙面

白灰色硝基漆： 自助服务区柜身

浅灰色硝基漆： 会议室柜门，厨房门、门套，营业室暗门

黑灰色硝基漆： 会议室门、门套，走到门、门套，大堂门、门套，总台柜身，吧台柜身

橡木染浅灰色： 百时大堂墙面，餐厅入口墙面，餐厅吧台后柜身

橡木染深灰色： 百时休息区墙面

白色钢琴漆： 大堂休息区茶几，百时上网桌

不锈钢表面浅灰色烤漆： 电梯厅、会议室、餐厅踢脚

不锈钢表面黑灰色烤漆： 大堂、电梯厅、走道、餐厅、自助服务区踢脚，门拉手

红色皮革： 大堂休息区沙发，百时休息区沙发椅

深灰色皮革： 大堂休息区沙发

白镜： 电梯厅墙面，上网区墙面，会议室墙面，卫生间墙面，餐厅墙面，自助服务区墙面

清玻璃： 入口门、餐厅隔断，餐厅门

拉丝不锈钢： 入口门套

镜面不锈钢： 电梯门套，沙发底座，备餐柜柜身，餐桌支架，百时休息区沙发椅支架

白灰色地砖： 空间中连续延展的卷片地面，卫生间地面

中灰色地砖： 大堂电梯厅走道，百时大堂、自助服务区、会议室地面，餐厅地面，卫生间墙面

大花白大理石： 总台台面，上网台台面，会议室茶水柜台面，自助服务区矮隔断，备餐台台面，吧台台面，茶水柜台面

中灰色地砖： 大堂、电梯厅、走道、百时大堂、自助服务区、会议室、餐厅地面，为身兼墙面

扩初阶段

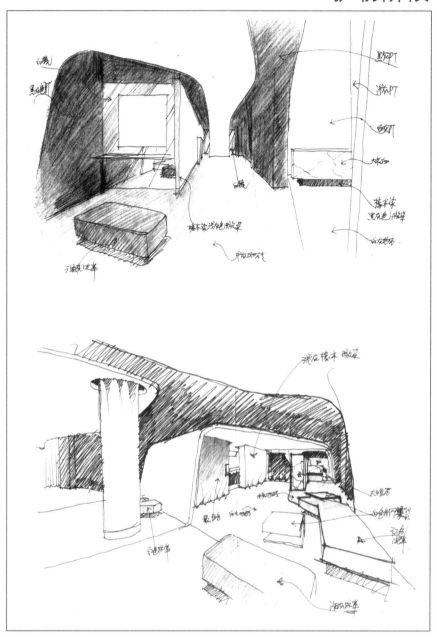

空间材料 | 空间材料分配 | 透视图

空间材料 | 材料对应 | 材料实样

扩初阶段

材料类型	代号	编号	材料名称
石材	MAR	MAR-01	大花白
		MAR-02	白色人造大理石
		MAR-03	黑金沙大理石
木材	WD	WD-01	橡木（直纹）染浅灰色全亚光开放漆（颜色同迪诺瓦：21611）
		WD-02	橡木（直纹）染浅灰色全亚光开放漆（颜色同迪诺瓦：D7211）
		WD-03	水曲柳染黑，全亚光开放漆
		WD-04	木丝吸音板
喷涂	PT	PT-01	白灰色涂料（迪诺瓦：L6321）
		PT-02	浅灰色涂料（迪诺瓦：21611）
		PT-03	黑灰色涂料（迪诺瓦：D7906）
		PT-04	白灰色全亚光硝基漆（颜色同迪诺瓦：L6321）
		PT-05	浅灰色全亚光硝基漆（颜色同迪诺瓦：21611）
		PT-06	黑灰色全亚光硝基漆（颜色同迪诺瓦：D7906）
		PT-07	不锈钢表面白灰色全亚光烤漆（颜色同迪诺瓦：L6321）
		PT-08	不锈钢表面浅灰色全亚光烤漆（颜色同迪诺瓦：21611）
		PT-09	不锈钢表面黑灰色全亚光烤漆（颜色同迪诺瓦：D7906）
		PT-10	白色钢琴漆
玻璃	GL	GL-01	清玻璃（钢化一）
		GL-02	高白镜（背贴防爆膜）
不锈钢	SST	SST-01	镜面不锈钢 t=1.5mm
		SST-02	拉丝不锈钢 t=1.2mm
布艺	V	V-01	白冰绸（铅垂线加强）
瓷砖	CEM	CEM-01	白灰色地转（玉玛雅瓷砖，A66000；600*600mm）
		CEM-02	浅灰色地转（玉玛雅瓷砖，A66005；600*600mm）
家居布艺	FV	FV-01	红色皮革（奈博：NB-D027）
板材	PLY	PLY-03	三夹板
		PLY-05	五夹板
		PLY-12	九夹板
		PLY-09	十二夹板
		PLY-18	细木工板

扩初阶段

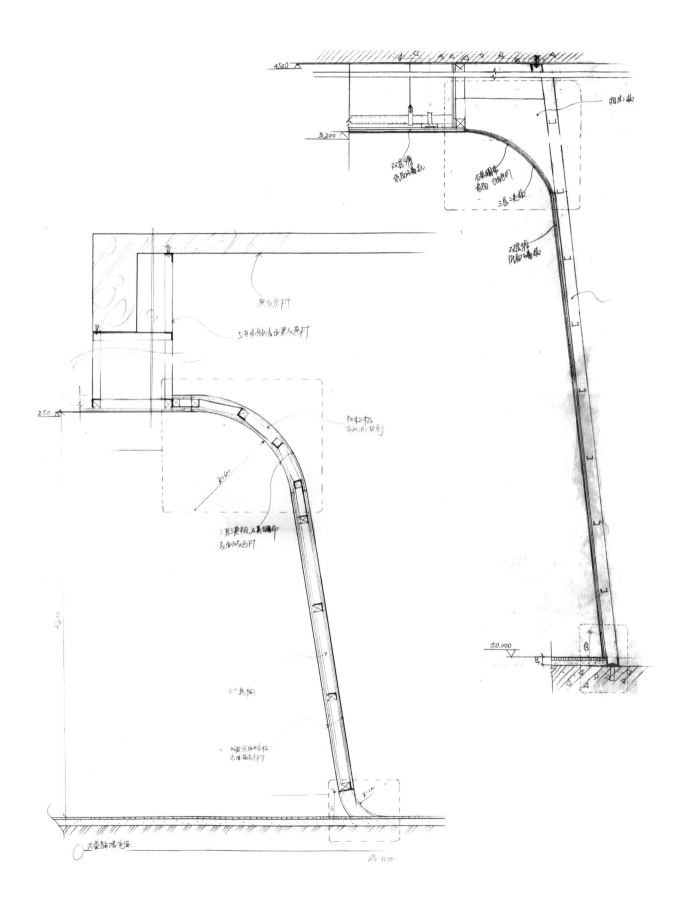

扩初阶段

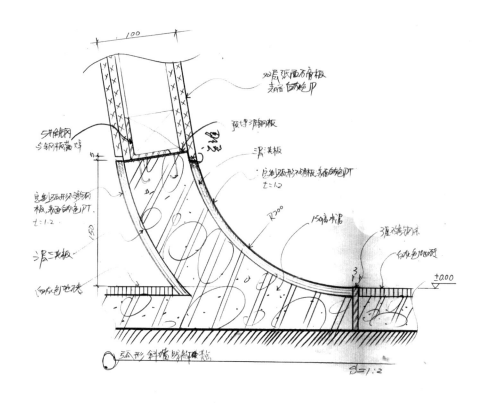

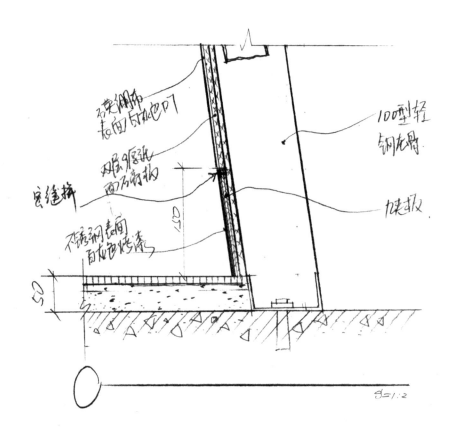

扩初阶段

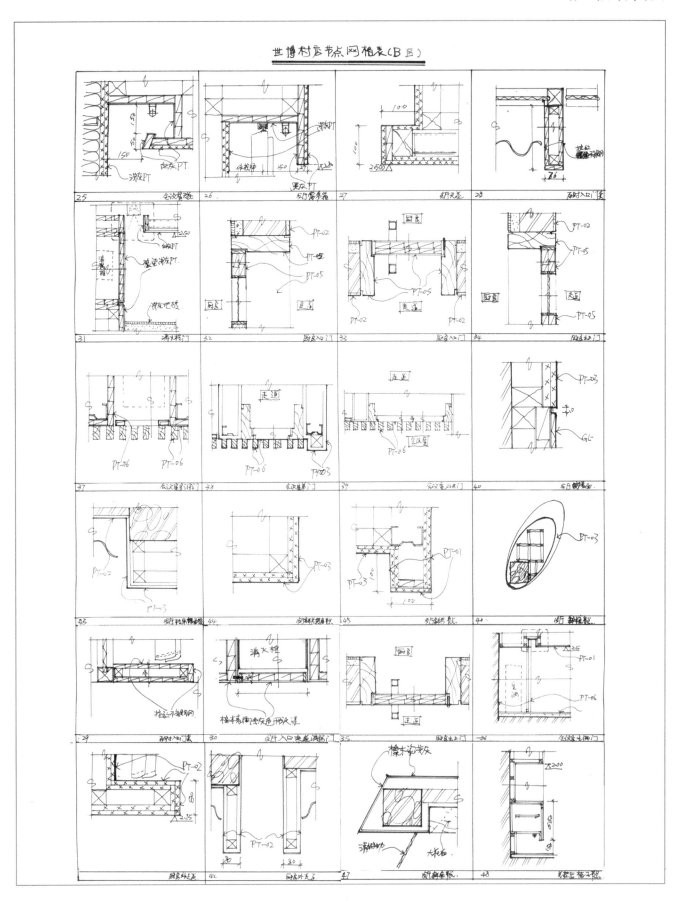

扩初阶段

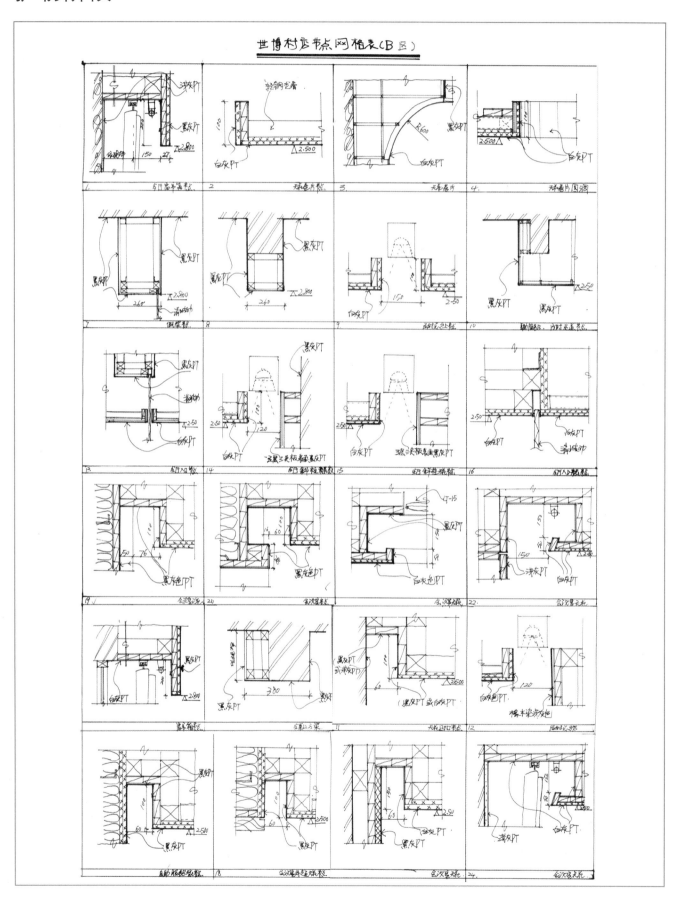

扩初阶段

空间照明 | 灯光配置 | 灯光效果素描关系图

A比B显凌乱、不整体

C比D显凌乱、不整体

空间照明 | 灯光配置推敲 | 照明效果素描关系图

扩初阶段

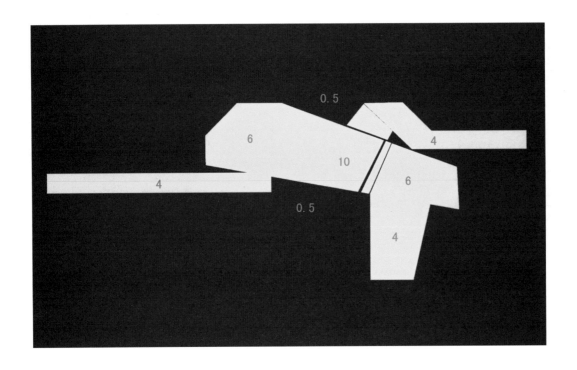

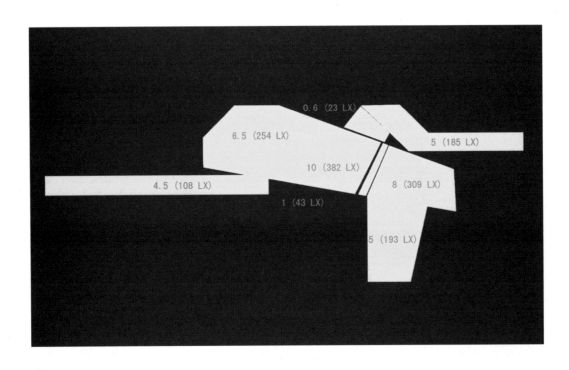

括号内照度值为该区域范围内平均照度

空间照明Ⅰ灯光配置Ⅰ空间照度比平面配置图

扩初阶段

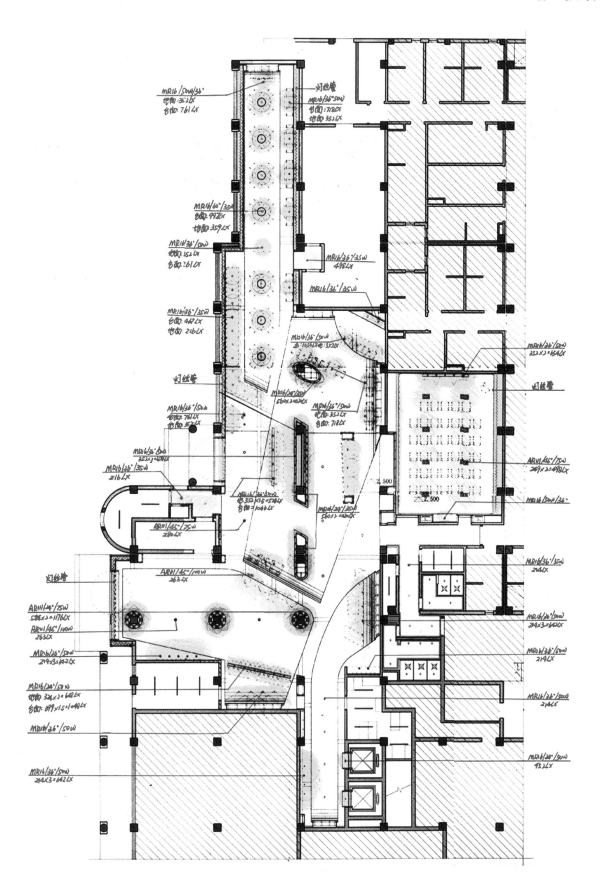

扩初阶段

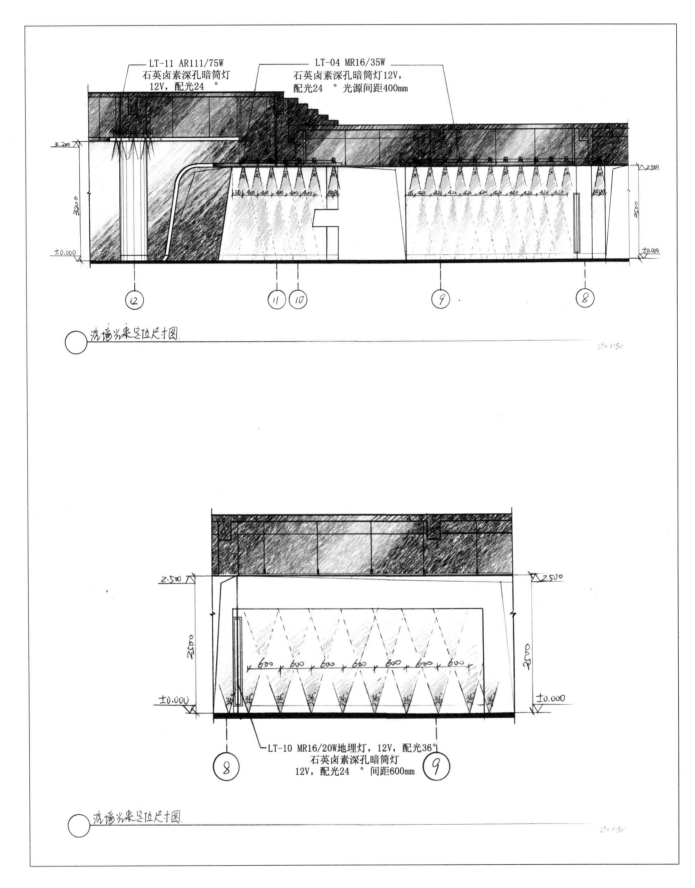

扩初阶段

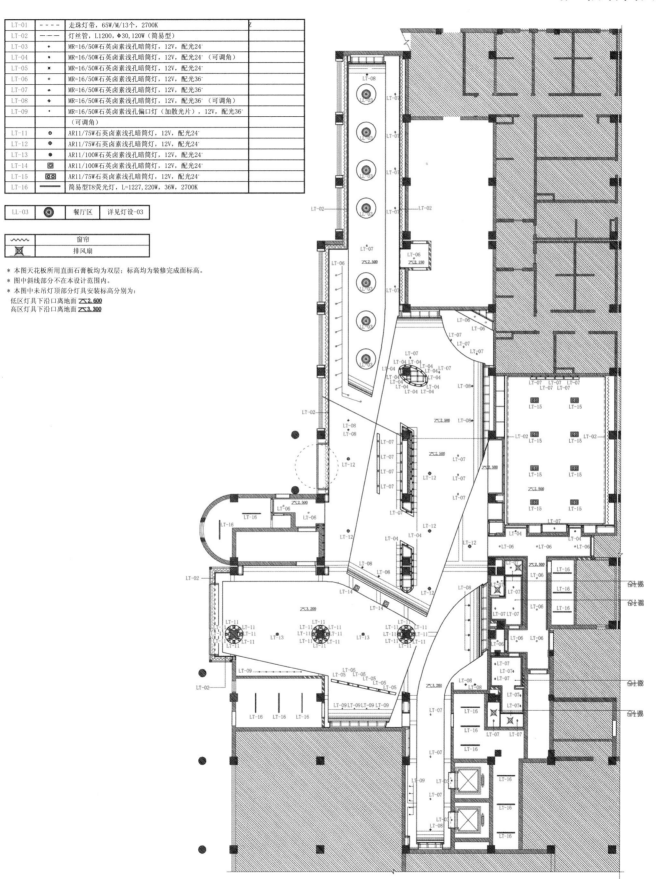

LT-01	- - - -	走珠灯带，65W/M/13个，2700K	
LT-02	———	灯丝管，L1200，φ30，120W（简易型）	
LT-03	✦	MR=16/50W石英卤素浅孔暗筒灯，12V，配光24°	
LT-04	●	MR=16/50W石英卤素浅孔暗筒灯，12V，配光24°（可调角）	
LT-05	✕	MR=16/50W石英卤素浅孔暗筒灯，12V，配光24°	
LT-06	○	MR=16/50W石英卤素浅孔暗筒灯，12V，配光36°	
LT-07	●	MR=16/50W石英卤素浅孔暗筒灯，12V，配光36°	
LT-08	✦	MR=16/50W石英卤素浅孔暗筒灯，12V，配光36°（可调角）	
LT-09	●	MR=16/50W石英卤素浅孔偏口灯（加散光片），12V，配光36°	
		（可调角）	
LT-11	◉	AR11/75W石英卤素浅孔暗筒灯，12V，配光24°	
LT-12	◉	AR11/75W石英卤素浅孔暗筒灯，12V，配光24°	
LT-13	●	AR11/100W石英卤素浅孔暗筒灯，12V，配光24°	
LT-14	▦	AR11/100W石英卤素浅孔暗筒灯，12V，配光24°	
LT-15	◫	AR11/75W石英卤素浅孔暗筒灯，12V，配光24°	
LT-16	▬▬▬	简易型T8荧光灯，L=1227，220W，36W，2700K	

LL-03	◉	餐厅区	详见灯设-03

~~	窗帘
▨	排风扇

* 本图天花板所用直面石膏板均为双层；标高均为装修完成面标高。
* 图中斜线部分不在本设计范围内。
* 本图中未吊灯顶部分灯具安装标高分别为：
　低区灯具下沿口离地面 ⟋2.600
　高区灯具下沿口离地面 ⟋3.300

扩初阶段

灯光图表

图 例	编号	照明描述	品牌型号	造型图列
- - - -	LT-01	走珠灯带，65W/M/13个，2700K	ZY-12D1B	
—·—·	LT-02	灯丝管，L1200， 30,120W（简易型）	ZY-3012	
⊕	LT-03	MR=16/50W石英卤素浅孔暗筒灯，12V，配光24°	ZY-SM2916	
◎	LT-04	MR=16/50W石英卤素浅孔暗筒灯，12V，配光24°（可调角）	ZY-AM3916	
⊠	LT-05	MR=16/50W石英卤素浅孔暗筒灯，12V，配光24°	ZY-AM3915	
○	LT-06	MR=16/50W石英卤素浅孔暗筒灯，12V，配光36°	ZY-AM3915	
⊖	LT-07	MR=16/50W石英卤素浅孔暗筒灯，12V，配光36°	ZY-AM3915	
⊕	LT-08	MR=16/50W石英卤素浅孔暗筒灯，12V，配光36°（可调角）	ZY-AM3916	
◉	LT-09	MR=16/50W石英卤素浅孔偏口灯（加散光片），12V，配光36°（可调角）	ZY-SM3916	
●	LT-10	MR=16/20W地埋灯，12V，配光36°	ZY-MD7116	
⊖	LT-11	AR11/75W石英卤素浅孔暗筒灯，12V，配光24°	ZY-AA5811	
⊕	LT-12	AR11/75W石英卤素浅孔暗筒灯，12V，配光24°	ZY-AA5811	
⊗	LT-13	AR11/100W石英卤素浅孔暗筒灯，12V，配光24°	ZY-AA5811	
▣	LT-14	AR11/100W石英卤素浅孔暗筒灯，12V，配光24°	ZY-AA1001	
▣▣	LT-15	AR11/75W石英卤素浅孔暗筒灯，12V，配光24°	ZY-AA1002	
——	LT-16	简易型T8荧光灯，L=1227,220W，36W，2700K	ZY-1505C	

灯饰图表

图例	编号	方位	类别	数量	造型图例
▫	LL-01	男女卫生间	镜前灯	4	详见灯施-01
▣	LL-02	男女卫生间	台灯	1	详见灯施-02
◎	LL-03	餐厅	吊灯	7	详见灯施-03

扩初阶段

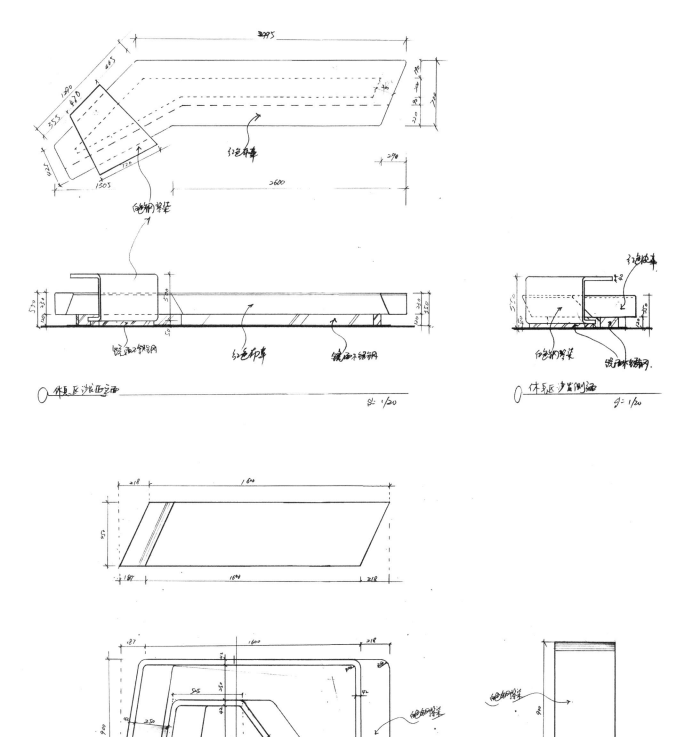

扩初阶段

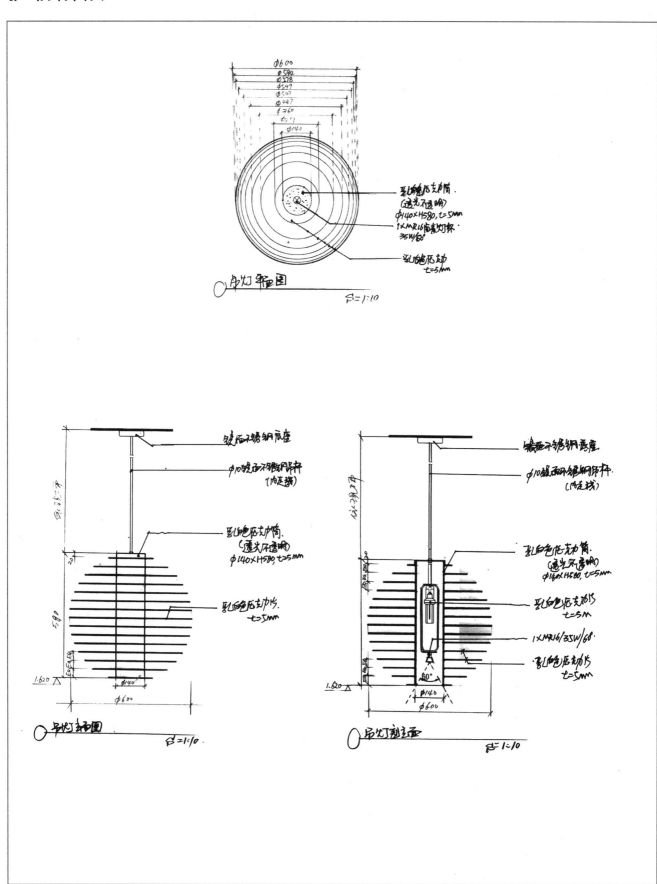

扩初阶段

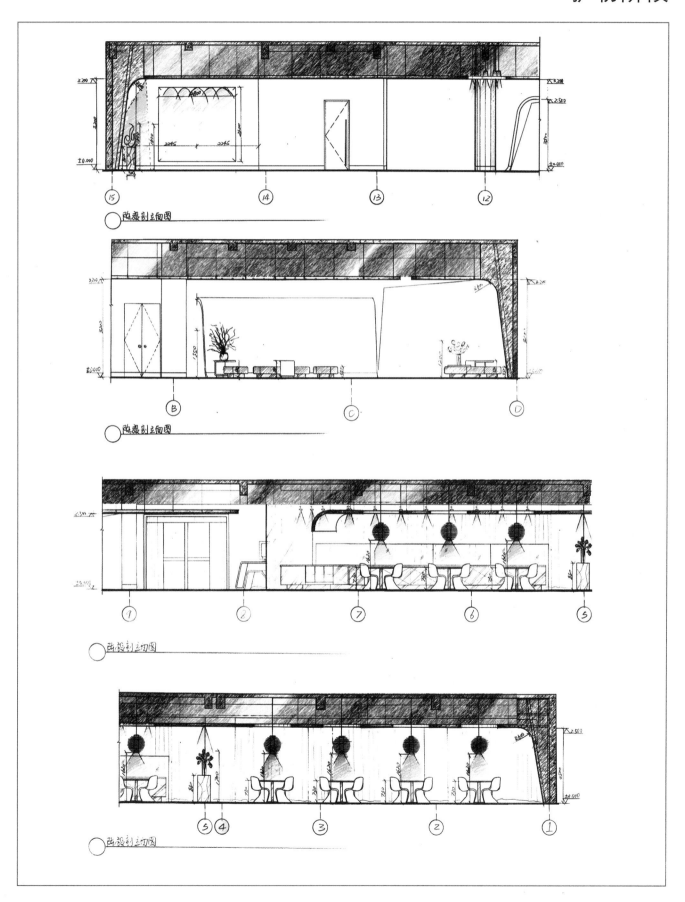

扩初阶段

代号	编号	陈设品名称	位置	造型图列	尺寸	数量
DEC	DEC-01					
		清玻璃花瓶内插柳条	大堂休息区		850x1000mm	1
	DEC-02	清玻璃花瓶内插白色马蹄莲	大堂休息区 大堂总台 餐厅茶水柜上 餐厅吧台		H=800	5
	DEC-03	清玻璃花瓶内插红色玫瑰花	餐厅餐桌上		H=300	16
	DEC-04	无画框 黑白色调画面 局部红色 POTHKO系列	大堂		3600x2600mm	1
	DEC-05	无画框 黑白色调画面 POTHKO系列	电梯厅		2800x2600mm	1
	DEC-06	仿真油画 黑白色调画面 黑色画框 POTHKO系列	上网区		1500x1200mm	1
	DEC-07	仿真油画 黑白色调画面 黑色画框 POTHKO系列	自助服务区		2400x450mm	1
	DEC-08	仿真油画 黑白色调画面 黑色画框 POTHKO系列	会议室		1000x1000mm	1
	DEC-09	装饰画 红色调画面	男卫生间		380x380mm	2
	DEC-10	雕塑	电梯厅		H=800	1

未选方案

方案阶段 | 空间型态 | 二次空间概念 | 平面图

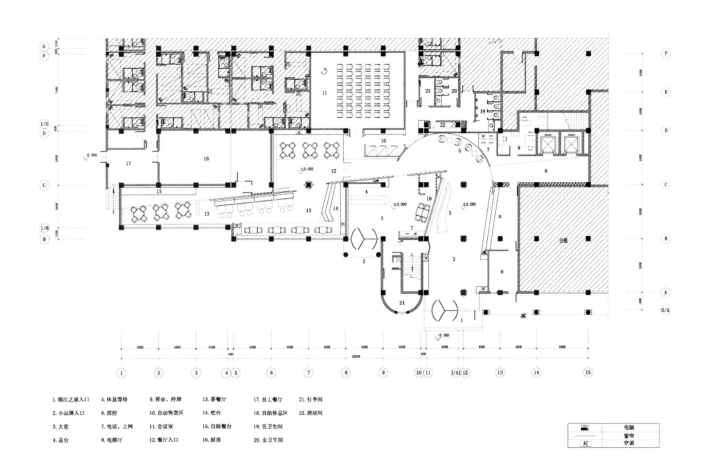

1. 锦江之星入口	5. 休息等待	9. 营业、经理	13. 茶餐厅	17. 员工餐厅	21. 行李间
2. 小品牌入口	6. 消控	10. 自动售货区	14. 吧台	18. 自助休息区	22. 清洁间
3. 大堂	7. 电话、上网	11. 会议室	15. 自助餐台	19. 男卫生间	
4. 总台	8. 电梯厅	12. 餐厅入口	16. 厨房	20. 女卫生间	

	电脑
	窗帘
AC	空调

未选方案

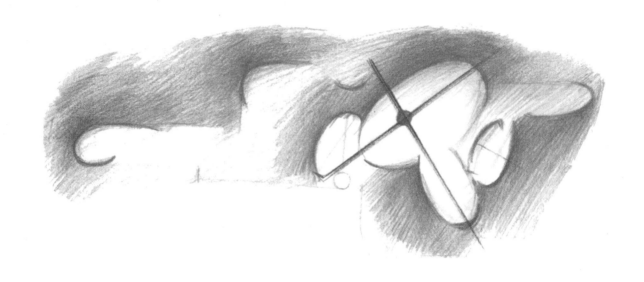

方案阶段 ┃ 空间型态 ┃ 二次空间概念 ┃ 平面图

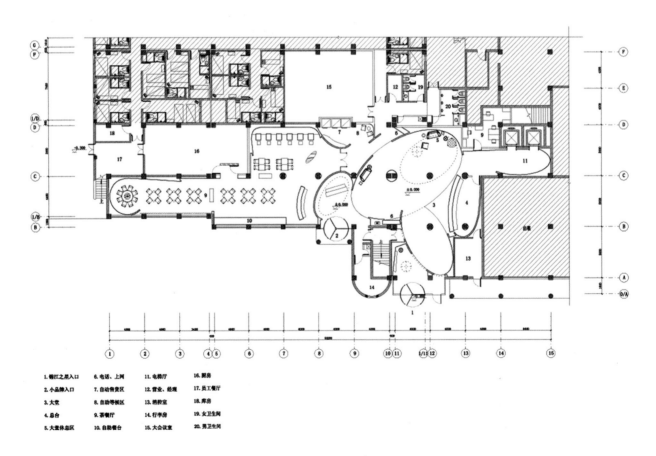

1. 锦江之星入口　　6. 电话、上网　　11. 电梯厅　　16. 厨房
2. 小品牌入口　　　7. 自动售货区　　12. 营业、经理　17. 员工餐厅
3. 大堂　　　　　　8. 自助等候区　　13. 消控室　　　18. 库房
4. 总台　　　　　　9. 茶餐厅　　　　14. 行李房　　　19. 女卫生间
5. 大堂休息区　　　10. 自助餐台　　　15. 大会议室　　20. 男卫生间

　　　　　　　　　　　　　　　　　　　　　　方案阶段 ┃ 空间型态 ┃ 整体空间界面造型 ┃ 平面图

竣工后实景照片

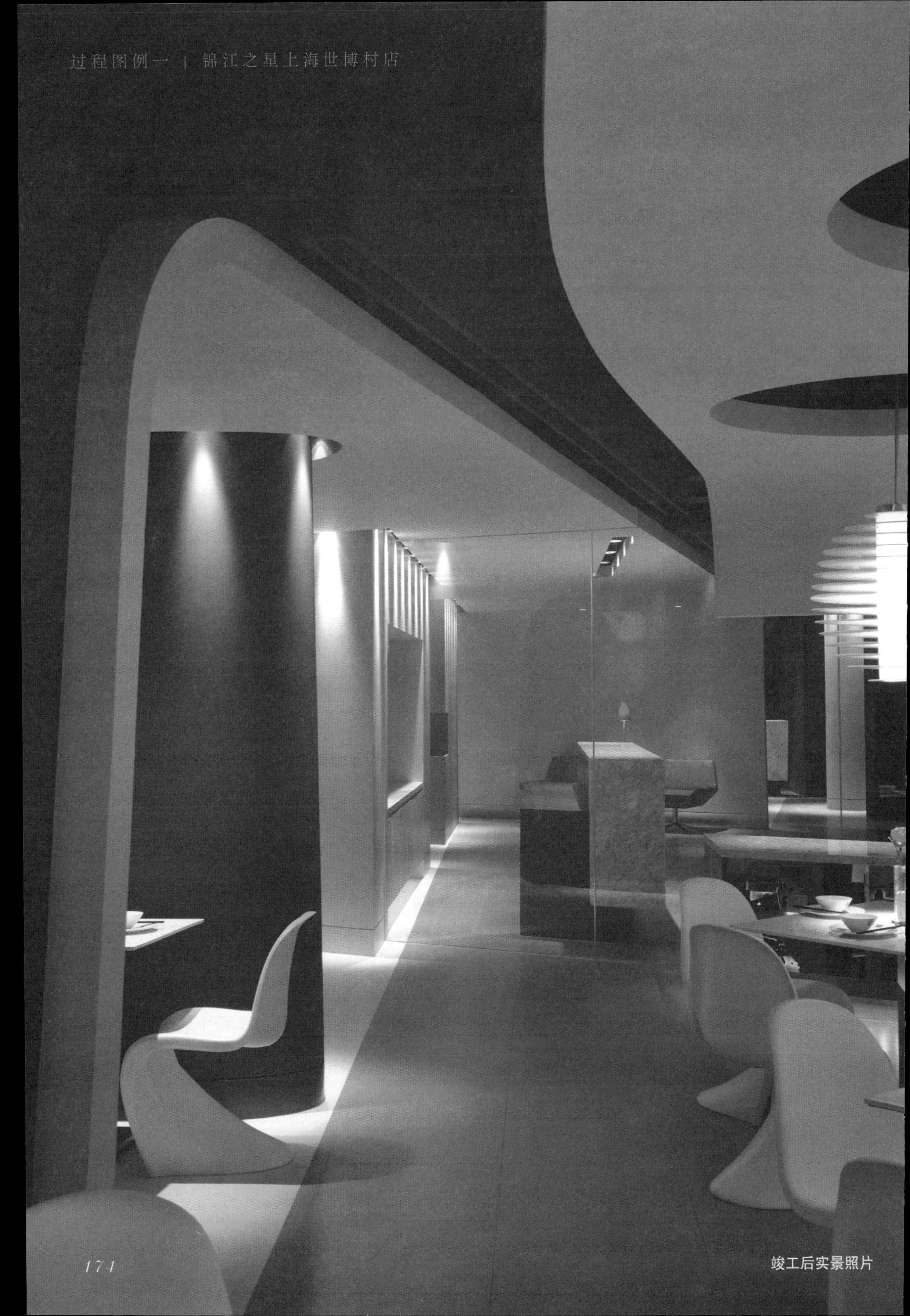

竣工后实景照片

竣工后实景照片

过 程 图 例 二

洛阳渝蓉缘酒店

方案阶段

内容步骤	表述方式
1. 建立空间抽象结构、梳理空间秩序，建构二次空间模型	**1-1.** 二次空间（平、立）概念：（手绘平、顶、轴）
2. 建立二次空间抽象关系	**2-1.** 二次空间抽象关系解析图（手绘平面草图）

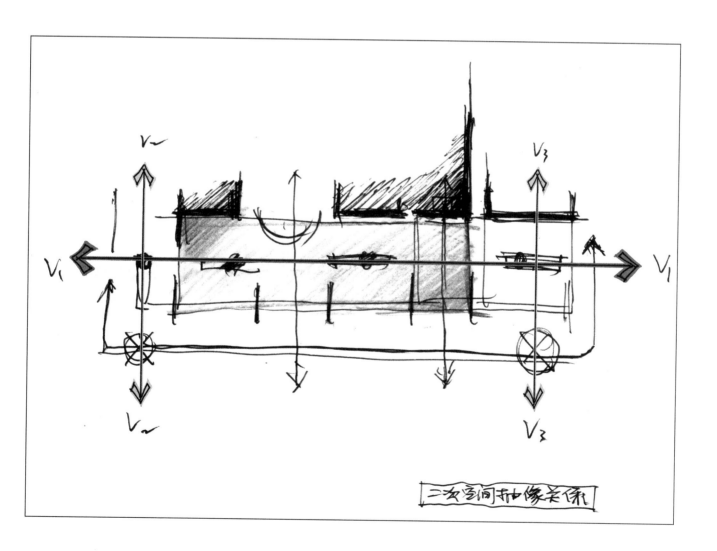

二次空间抽象关系

空间结构 | 二次空间、抽象关系概念图 | 平面图

方案阶段

内容步骤	表述方式
3. 确立空间整体形象概念，强化提炼造型语言特征。（空间形、独立形、界面形、构架形）形成风格形式定位。	**3-1.** 文字简述空间造型概念特征。 **3-2.** 空间造型语言概念图示（手绘透视草图或轴测图，或平、立、剖面图1:50）

空间界面造型语言概念:
盒框式的界面造型+平直的界面造型

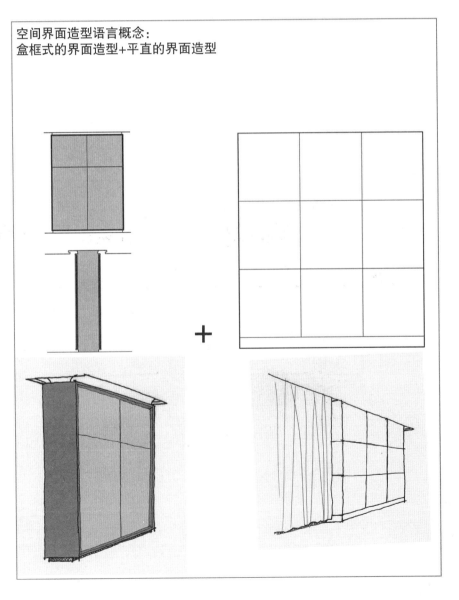

空间造型 | 空间界面造型语言概念 | **文字简述**
空间造型 | 空间界面造型语言概念 | **视觉图示**

方案阶段

内容步骤	表述方式
5. 确定色调概念和明度分配	**5-1**.文字简述、色感描述
	5-2.色彩概念配比图

空间界面色彩概念：
黑、白、灰+棕黄

一层色调　　　　　　　　二层色调

空间色彩 ┃ 色调概念 ┃ 文字简述
空间色彩 ┃ 色调概念 ┃ 色块配比图

方案阶段

内容步骤	表述方式
6. 对应色感、确立材质性格，组合抽象关系，形成主要用材大类别	**6-1.** 文字简述、材质性格组合关系

材料质感： 玻璃：反光、平滑、坚硬、冷峻
线帘：轻软、温馨、轻盈
石材：反光、平滑、肌理、坚硬
皱银：半哑、细碎、平滑
皮革：温馨、毛糙
金属：冷峻、坚硬、反光、平滑
白冰绸：温馨、轻盈
砖材：哑光、平滑、坚硬
涂料：哑光、平滑

材料质感抽象关系图

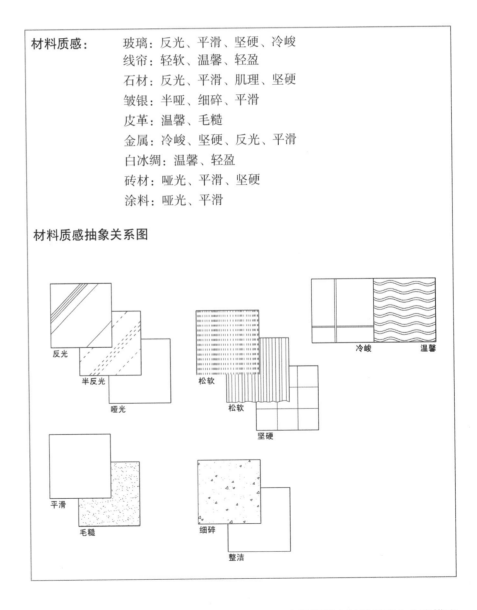

空间材料｜材料质感｜**文字描述**
空间材料｜材料质感抽象关系图｜**示意图**

方案阶段

内容步骤	表述方式
6. 对应色感、确立材质性格，组合抽象关系，形成主要用材大类别	**6-2.** 材质配置概念样板图

材料配置概念样板图

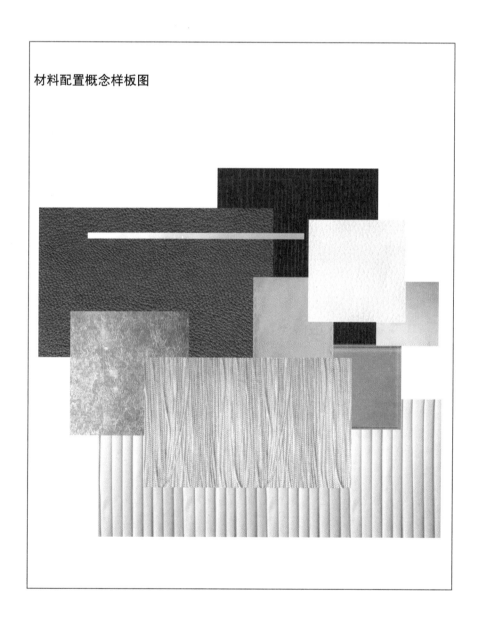

空间材料 ┃ 主要用材 ┃ 材质配置样板图

方案阶段

内容步骤	表述方式
7. 空间照明概念	**7-1.** 文字简述照明概念
	7-2. 照明概念图示

照明概念：强调二次空间抽象关系，使空间概念与功能照明相统一

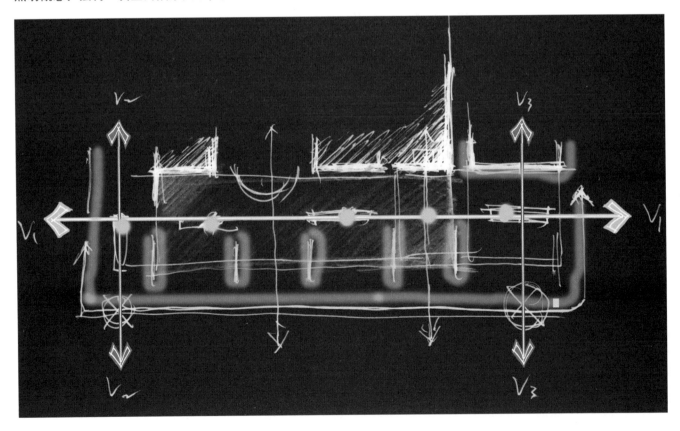

空间照明 | 照明概念 | **文字简述**
空间照明 | 照明概念 | **平面图**

方案阶段

内容步骤	表述方式
8. 主要陈设概念	**8-1.** 文字描述
9. 确立陈设点的空间位置	**8-2.** 相关概念图片参考
	9-1. 陈设点布置平面空间关系解析图

主要陈设概念：
确立陈设点的空间位置，使陈设点与二次空间相统一

相关概念图片参考

陈设点布置平面空间关系解析草图

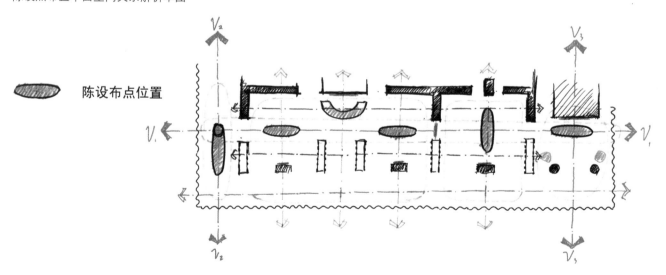

陈设布点位置

活动陈设 | 空间构图 | **文字简述**
活动陈设 | 空间构图 | 陈设点布置平面空间关系解析图

方案阶段

内容步骤	表述方式
10. 提取主题概念	**10-1.**文字简述 **10-2.**视觉图示

主题概念：   1. 二次空间以围合、对峙、贯通的组合形式建构空间的抽象组合对比关系。

   2. 色彩 以黑白灰为主基调，之中再配以棕黄色。即：黑、白、灰+棕黄。

   3. 强调材料二次空间上的多样对比关系，即：反光与哑光、松软与坚硬、平滑与毛糙、冷峻与温馨、细碎与整洁。

二次空间抽象关系解析说明 a

V5、V6、V2 围抱 V4

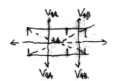

V4 可分为 V4A 与 V4B

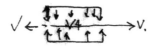

V4 中轴对峙

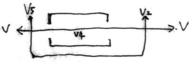

V 轴贯通 V4、V5、V2

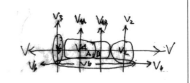

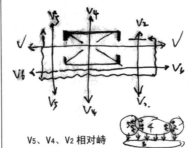

V5、V4、V2 相对峙

V6 将 V5、V4、V2 相连、相对峙

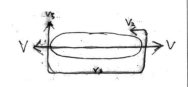

主轴关系为 VV 与 V5、V6、V2 之关系

空间造型丨空间界面造型语言概念丨文字简述
空间色彩和材料丨色彩和材料概念丨文字简述
空间结构丨二次空间抽象关系丨视觉示图

方案阶段

二次空间抽象关系解析说明 b

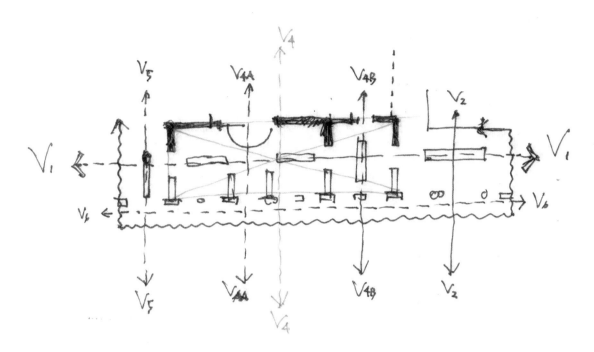

二次空间抽象关系解析说明 c

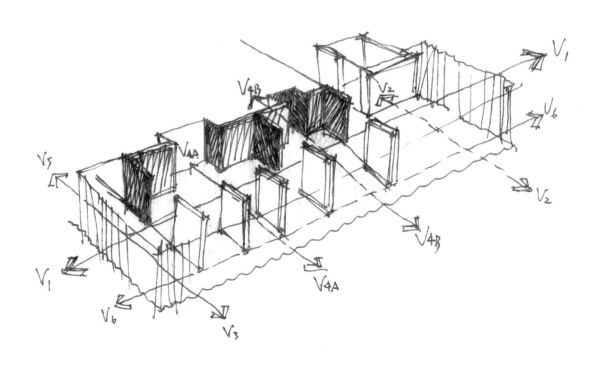

扩初阶段

内容步骤	表述方式
11. 深化二次空间，详细构建二次空间的抽象关系，形成空间形、色、光、材、陈的组合配置原则	**11-1.** 二次空间（平、立）抽象关系解析详图（平面结构、立体结构、轴侧等）

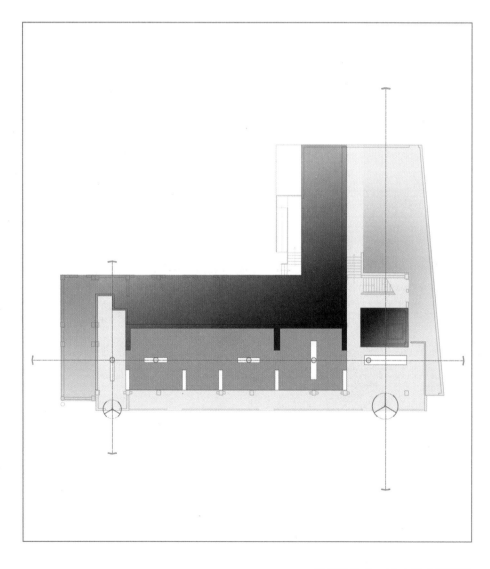

扩初阶段

平面结构

轴测图

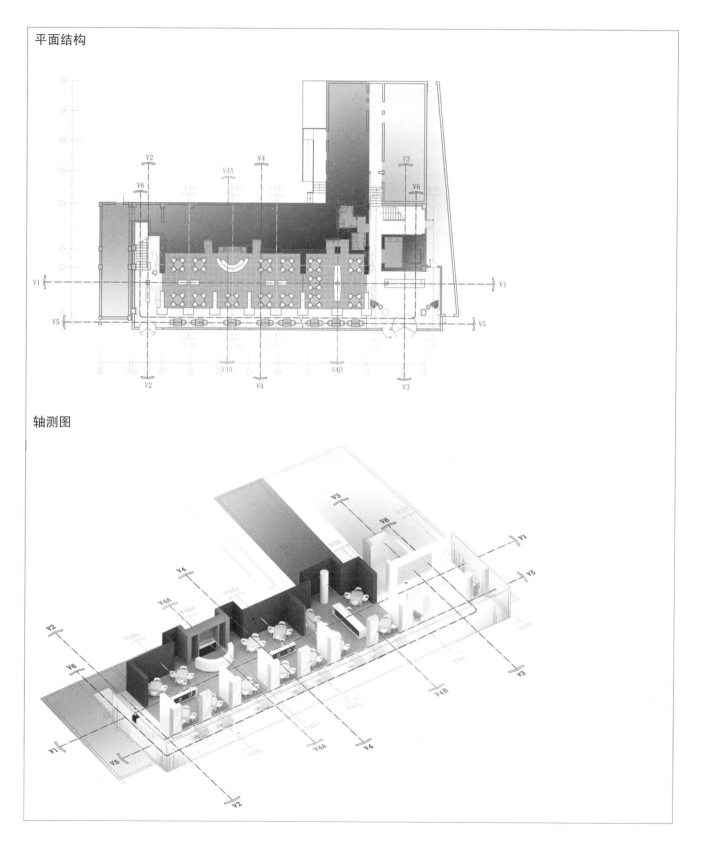

空间结构 | 二次空间抽象关系 | 解析详图

扩初阶段

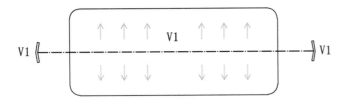

V1–V1构成V1整体空间
V1–V1为整体矩形空间总轴

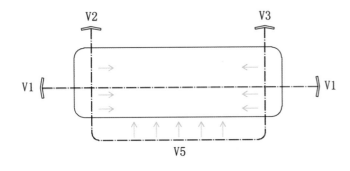

V2 V5 V3围抱V1空间且对比

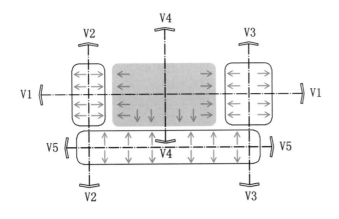

V1–V1串联V2 V4 V3空间
V2 V4 V3 空间相对峙对比
且V5空间与V2 V4 V3相对峙

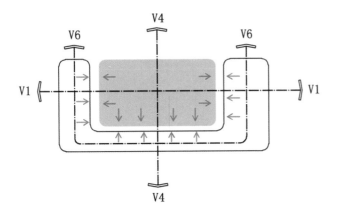

V2 V5 V3 构成V6空间
既V6成角串联统一V2 V5 V3空间
V6空间围抱V4空间、且相对比
V6在材质色调上呈"软"、"轻"
V4在材质色调上呈"硬"、"重"

方案阶段

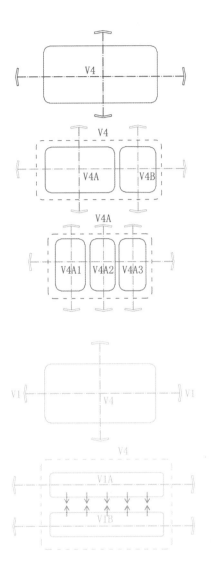

V4中纵向包括V4A与V4B
V4A中纵向包括V4A1 V4A2 V4A3
且V4A与V4B相并置

V4中横向包括V1A与V1B
且V1A与V1B相对峙

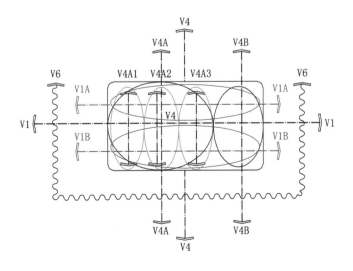

V4是统一V4中各纵横向空间的空间
V1A与V1B对比，V1A重实，V1B轻虚
V4A中的V4A1、V4A2、V4A3相并置、串联各
成一体，且V4为它们的统一体
V4A与V4B在纵向上相并置串联
且V4成为V4A与V4B在纵向上的统一体
以V4为围合的空间，包持着V4空间中各类
层次的包含、对峙、并置、串联等抽象关系
Vb与V4整体上呈对比与串联

方案阶段

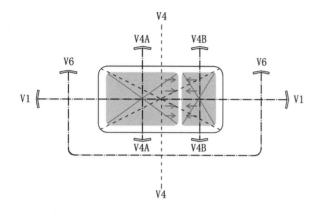

V4空间由V4A、V4B空间共同构成
且V4A与V4B相对峙、并置、统一
V4A+V4B=V4
V6围合V4(V4A+V4B)

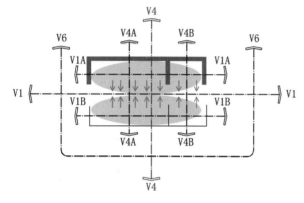

V4空间在横向上由V1A与V1B构成
即V1A+V1B=V4
V1A与V1B相对峙对比,且
V1A在色调与材质上"重"、"实"
V1B在色调与材质上"轻"、"重"

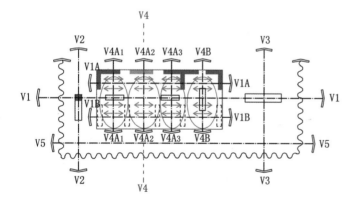

V4A空间在纵向上
由V4A1 V4A2 V4A3构成
即V4A1+V4A2+V4A3=V4A
且V4A1 V4A2 V4A3相对峙、并置

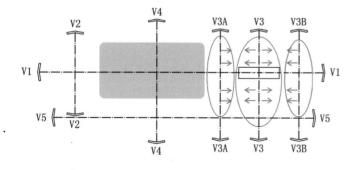

V3空间—V3–V3轴为中轴
同V3A、V3B并置

扩初阶段

内容步骤	表述方式
12. 深化并明确整体空间中各平面、地坪面、立面、剖面等室内界面造型	**12-1.** 按1:50或1:30绘出平面、顶面、主要立面，主要整体剖面、地坪图

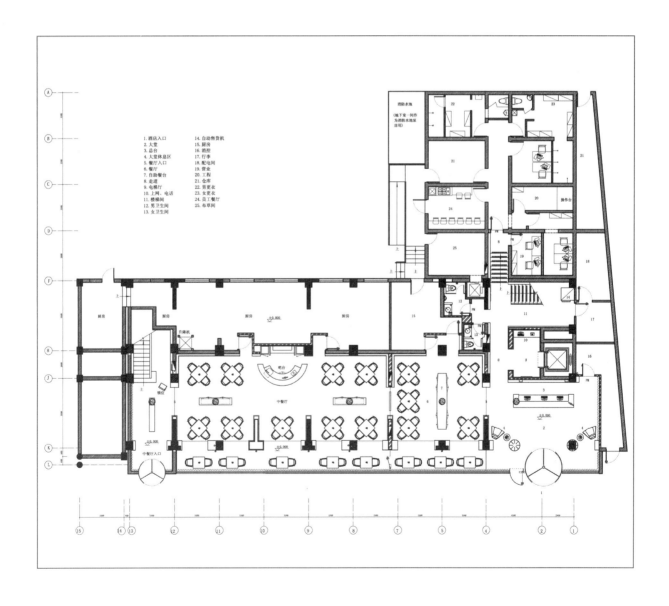

扩初阶段

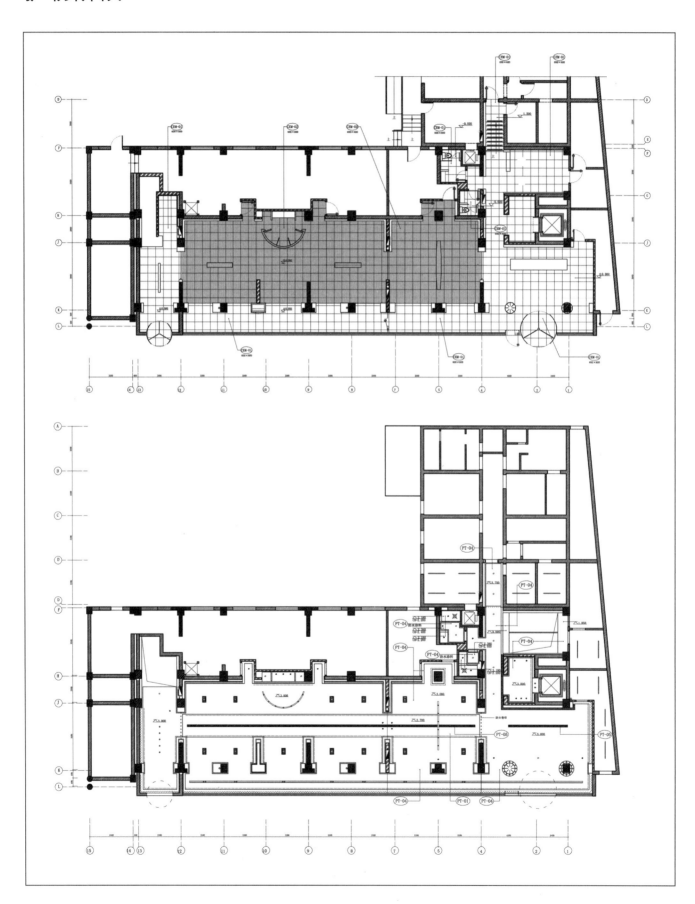

空间造型 | 整体空间界面造型 | 地坪、平顶图

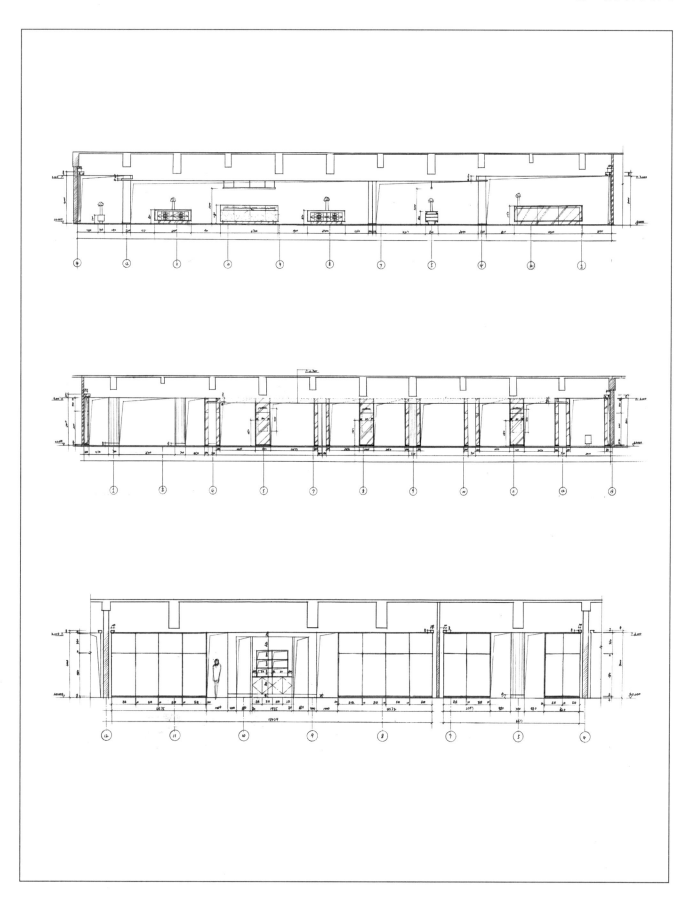

扩初阶段

内容步骤	表述方式
12. 深化并明确整体空间中各平面地面、立面、剖面等室内界面造型	**12-1.** 详细准确绘出整体空间透视图

空间造型 ｜ 整体空间界面造型 ｜ 定稿透视图
空间造型 ｜ 整体空间界面造型 ｜ 定稿模型空间

扩初阶段

内容步骤	表述方式
13. 深化并明确局部空间的界面造型，包括固定家具、设施、隔断等内容的界面造型	**13-1.** 按1：10、1：20绘出局部剖切面造型(横剖、竖剖)

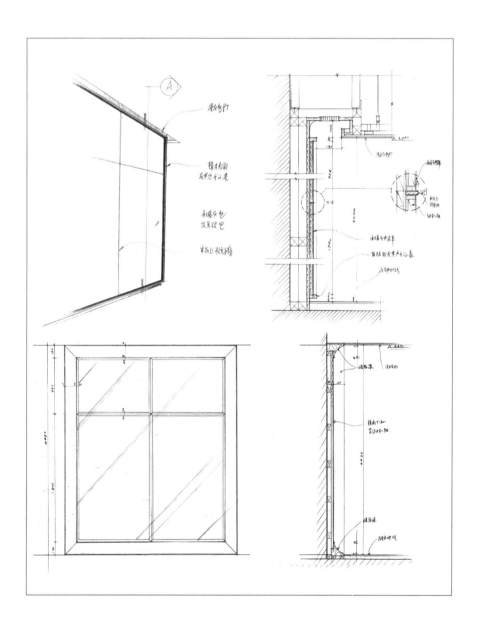

扩初阶段

内容步骤	表述方式
13. 深化并明确局部空间的界面造型，包括固定家具、设施、隔断等内容的界面造型	**13-3.** 局部形态的小透视图

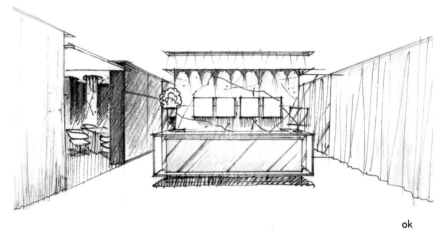

ok

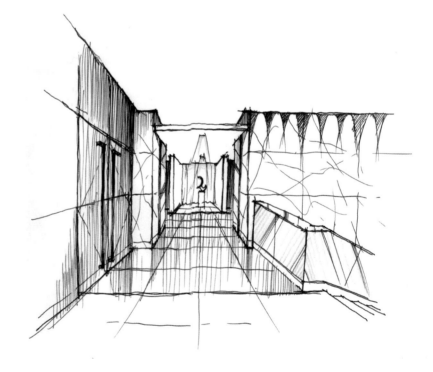

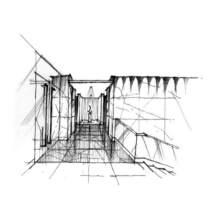

扩初阶段

内容步骤	表述方式
15. 在二次空间指导原则下，对色彩概念进行空间分配，包括家具、灯具等陈设体在总体环境中的色彩配置关系。	**15-1.** 文字详述，并配合色块 **15-2.** 手绘彩色空间分配透视图、彩色空间分配轴测图

白色： 窗帘、餐椅、总台台面、自助餐台面、吧台台面、总服务台后墙面中餐厅入口长条形石凳前部、中餐厅楼梯间左侧墙面、花瓶内插花

米白色： 线帘

浅白灰色： 酒店餐厅厨房入口柱子、酒店入口左右两侧圆柱、酒店公共区、餐厅区私人餐位地坪

浅灰色： 餐巾布、餐厅区四人餐位地坪

灰色： 上半部四人餐区墙面

中灰色： 吧台后墙面

暖银色： 备餐柜外框、四人餐桌与二人餐桌间矩形造型外框

深灰色： 厨房入口、出口、酒店楼梯间墙面、总台后墙面中心区

灰黑色： 上半部四人餐区外墙面外框、中餐厅入口条形石凳后部

黑色： 备餐柜柜门

棕黄色： 桌布、中餐厅楼梯玻璃扶手、画框、总台表面玻璃

清玻璃： 酒店、中餐厅分隔处玻璃、吧台后酒柜

拉丝不锈钢色： 电梯门套、酒店入口门门套

镜面色： 四人餐桌与二人餐桌间矩形造型表面、中餐厅入口右侧、楼梯间右侧及地面、墙面、二人餐区左侧墙面、吧台后墙底面、电梯厅内左、右两侧墙面、酒店走道左侧墙面、酒店总台后右侧消控室墙面

空间色彩 | 空间分配 | 文字描述
空间色彩 | 空间分配 | 透视图

扩初阶段

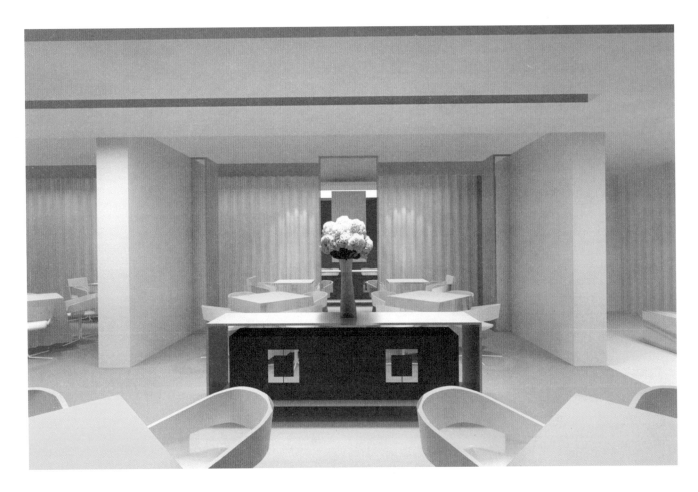

空间色彩 | 空间分配 | **模型空间**

扩初阶段

内容步骤	表述方式
15. 在二次空间指导原则下，对色彩概念进行空间分配，包括家具、灯具等陈设体在总体环境中的色彩配置关系。	**15-4.**整体空间散点彩色透视图

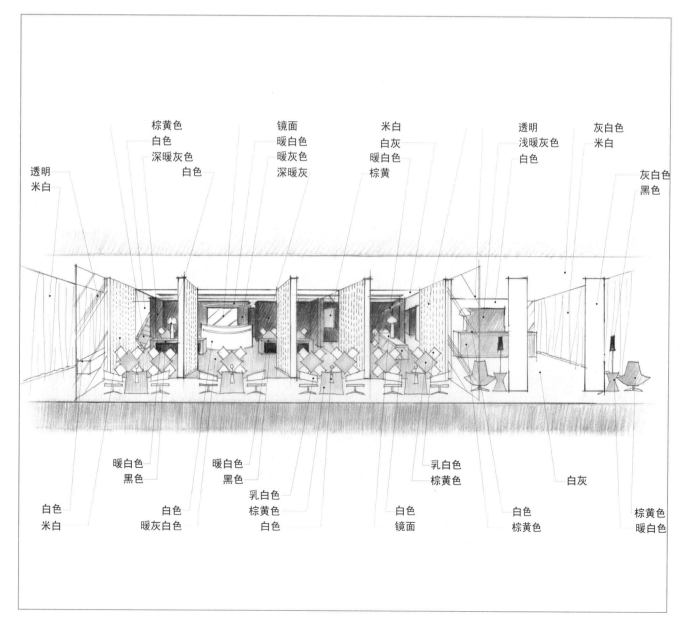

棕黄色
白色
深暖灰色
白色

镜面
暖白色
暖灰色
深暖灰

米白
白灰
暖白色
棕黄

透明
浅暖灰色
白色

灰白色
米白

透明
米白

灰白色
黑色

暖白色
黑色

暖白色
黑色

乳白色
棕黄色

白灰

白色
米白

白色
暖灰白色

乳白色
棕黄色
白色

白色
镜面

白色
棕黄色

棕黄色
暖白色

空间材料 ｜ 空间分配 ｜ 整体空间散点彩色透视图

扩初阶段

内容步骤	表述方式
16.依据材质配置概念进行具体材质的选定落实。	**16-1.**材质实样图板

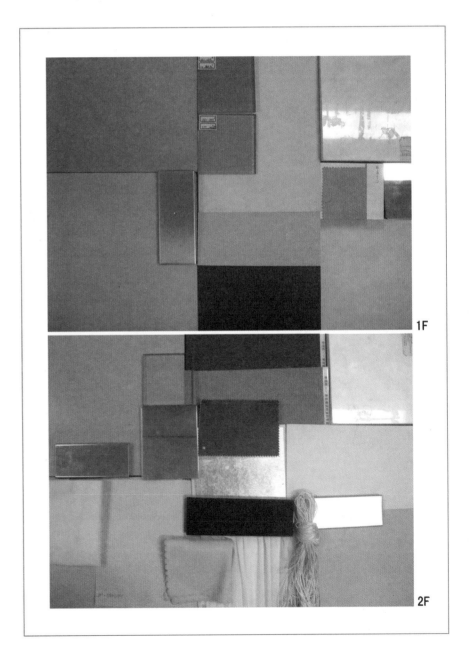

1F

2F

扩初阶段

内容步骤	表述方式
16. 依据材质配置概念进行具体材质的选定落实。	**16-2.** 设计用材编号图表

设计材料表

材料类型	代号	编号	材料名称
石材	MAR	MAR-01	极品雅士白
		MAR-02	黑白根
木材	WD	WD-01	橡木表面黑灰色开放漆（颜色同迪诺
		WD-02	橡木表面浅白灰色开放漆（颜色同迪
		WD-03	F15木丝吸声板
		WD-04	项目表面浅中灰色开放漆（颜色同迪
喷涂	PT	PT-01	浅白灰色涂料（迪诺瓦：21614）
		PT-02	浅白灰色全亚光硝基漆（迪诺瓦：21614）
		PT-03	不锈钢表面浅白灰色全亚光烤漆（迪诺瓦：21614）
		PT-04	白灰色涂料（迪诺瓦：37109）
		PT-05	深灰色涂料（迪诺瓦：21693）
		PT-06	不锈钢表面深灰色全亚光烤漆（颜色同迪诺瓦：21603）
		PT-07	暖银漆（ZF-028，皱银）
		PT-08	乳白色全亚光烤漆（颜色同迪诺瓦：20108）
		PT-09	中灰色涂料（颜色同迪诺瓦：L7967）
		PT-10	不锈钢表面中灰色全亚光烤漆（颜色同迪诺瓦：L7967）
		PT-10	黑色钢琴漆
玻璃	GL	GL-01	清玻璃（钢化）
		GL-02	高白镜（背贴防爆膜）
		GL-03	黄色夹胶玻璃（POPI：BGC-0845#，30%透光，t=12mm）
		GL-04	深灰色背漆玻璃（POPI：BGC-1219#）
		GL-05	黄色夹胶玻璃（POPI：BGC-0843#，100%透光，t=12mm）
		GL-06	磨砂玻璃（钢化）
		GL-07	磨砂玻璃背衬高白镜
		GL-08	黄色镜面（POPI：BGC-0843-A，t=14mm）
不锈钢		SST-01	半拉丝不透钢
		SST-02	镜面不透钢
		CEM-01	浅白灰色地砖（玉玛雅瓷砖，A66002；600X600mm）
		CEM-02	浅灰色地砖（玉玛雅瓷砖，B66012；600X600mm）
布艺		V-01	白冰绸
		V-02	白色线帘
		V-03	浅灰色布艺
		V-04	深灰色窗帘（NB:YZJ-018-03）
家居布艺		FV-01	餐椅面料（白色皮革，奈博：NB-604）
		FV-02	桌布（棕黄色布艺，奈博：YX-1004-TB）
		FV-03	沙发面料（棕黄色麂皮，奈博：F36-168-18）
		FV-04	餐巾布（浅灰色布艺，奈博：M28#）
		FV-05	沙发面料（棕咖啡色皮革，奈博：SB335-8268-19）
皮革		GP-01	灰色皮革（奈博：NV-HXL-21）
亚克力		YKL-01	乳白色亚克力（401）
窗帘		WC-01	乳白色遮光卷帘

扩初阶段

内容步骤	表述方式
17. 依据二次空间指导原则，完成材质的空间分配，包括陈设体的材质分配	**17–1.** 墙面材料平面布置示意图

白色皮革　　　　　　棕黄色布艺

白冰稻　　　　　　　深暖灰色涂料

镜面　　　　　　　　橡木表面深灰色开放漆

线帘　　　　　　　　黄色夹胶玻璃(30%透光)

暖灰紫色硬包　　　　灰黑色钢琴漆

雅士白　　　　　　　清玻璃

暖银　　　　　　　　深暖灰色涂料背漆玻璃

暖灰色涂料　　　　　浅白灰色涂料

浅灰色地砖　　　　　浅白灰色全亚光硝基漆

浅白灰色地砖　　　　实木表面黑色喷漆

棕黄色麂皮　　　　　镜面不锈钢

1. 酒店入口　　7. 自助餐台　　13. 女卫生间　　19. 营业
2. 大堂　　　　8. 走道　　　　14. 自动售货机　20. 工程
3. 总台　　　　9. 电梯厅　　　15. 厨房　　　　21. 仓库
4. 大堂休息区　10. 上网、电话　16. 消控　　　　22. 男更衣
5. 餐厅入口　　11. 楼梯间　　　17. 行李　　　　23. 女更衣
6. 餐厅　　　　12. 男卫生间　　18. 配电间　　　24. 员工餐厅
　　　　　　　　　　　　　　　　　　　　　　　25. 布草间

扩初阶段

内容步骤	表述方式
17. 依据二次空间指导原则，完成材质的空间分配，包括陈设体的材质分配	**17-3.** 材料空间分配轴测图

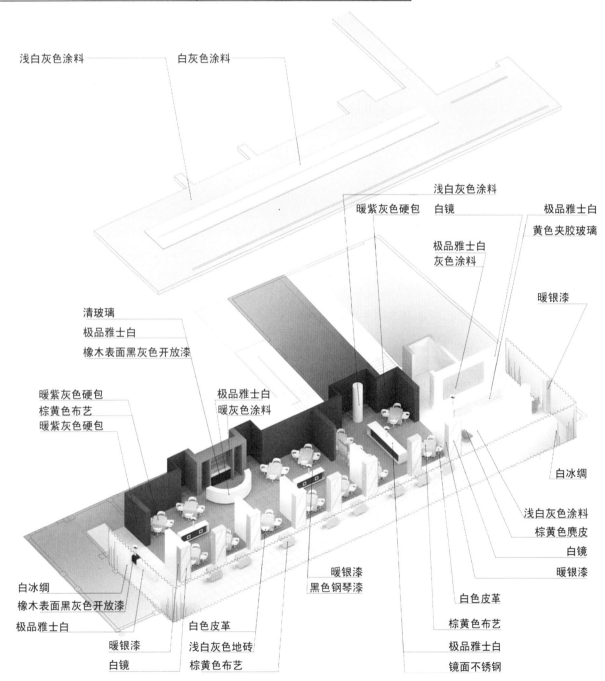

浅白灰色涂料

白灰色涂料

浅白灰色涂料

暖紫灰色硬包　　白镜

极品雅士白
黄色夹胶玻璃

极品雅士白
灰色涂料

暖银漆

清玻璃
极品雅士白
橡木表面黑灰色开放漆

极品雅士白
暖灰色涂料

暖紫灰色硬包
棕黄色布艺
暖紫灰色硬包

白冰绸

浅白灰色涂料
棕黄色麂皮
白镜
暖银漆

白冰绸
橡木表面黑灰色开放漆
极品雅士白
暖银漆
白镜

白色皮革
浅白灰色地砖
棕黄色布艺

暖银漆
黑色钢琴漆

白色皮革
棕黄色布艺
极品雅士白
镜面不锈钢

扩初阶段

内容步骤	表述方式
17. 依据二次空间指导原则，完成材质的空间分配，包括陈设体的材质分配	**17–6.** 材料分配文字详述

白灰色涂料： 标高3.000处顶棚吊顶
浅白灰色涂料： 酒店入口两侧圆柱、标高2.700处顶棚吊顶、白冰绸后墙面
中灰色涂料： 中餐厅吧台后墙面
深灰色涂料： 厨房入口、出口、酒店楼梯间墙面
浅白灰色全亚光硝基漆： 总服务台
不锈钢表面浅白灰色全亚光烤漆： 酒店入口两侧圆柱踢脚、白冰绸后墙面踢脚
不锈钢表面中灰色全亚光烤漆： 中餐厅吧台后墙面踢脚
不锈钢表面深灰色全亚光烤漆： 厨房入口、出口、酒店楼梯间墙面踢脚
乳白色全亚光烤漆： 酒店楼梯扶手
暖银漆： 餐厅四人餐位与二人餐位中级矩形墙外框、备餐柜外框
黑色钢琴漆： 备餐柜柜门
极品雅士白： 酒店总台台面、总台后电梯厅外墙面、自助餐台台前、中餐厅楼梯门左侧墙面
橡木表面黑灰色开放漆： 四人餐桌上半部墙面外框，中餐厅入口条形凳后部
项目表面白灰色开放漆： 酒店走道尽头门扇
F15木丝吸声板： 总台后墙面中心区
清玻璃（钢化）： 酒店、中餐厅入口门，酒店、中餐厅隔断，厨房门，酒吧后酒柜
高白镜： 四人餐位与二人餐位中间矩形墙面、二人餐位左侧墙面、中餐厅入口左侧墙面、中餐厅领位后墙面、吧台后墙面地面
黄色夹胶玻璃（30%透光）： 中餐厅楼梯间扶手、总台
白冰绸： 中餐厅入口左侧及门两侧、餐厅窗前、酒店入口门两侧及大唐左侧墙面
白色线帘： 四人餐位下半部隔墙
白色皮革： 餐椅
棕黄色布艺： 酒店入口两侧沙发
浅灰色布艺： 餐巾布
棕黄色鹿皮： 酒店入口两侧沙发
灰色皮革： 四人餐位上半部墙面
黑色布艺： 入口休息区台灯灯罩
浅白灰色瓷砖： 酒店大堂走道、电梯厅、楼梯间及中餐厅入口楼梯间、二人餐桌区域
浅灰色瓷砖： 四人餐桌区域
半拉丝不锈钢： 门把手、入口门套、电梯门套
镜面不锈钢： 总台下踢脚、自助餐台下踢脚、备餐柜下踢脚、把台下、入口条形凳下

扩初阶段

内容步骤	表述方式
18. 绘制主要节点详图	**18-1.** 按 1:1、1:2、1:5、1:10 手绘主要或有难点的节点构造

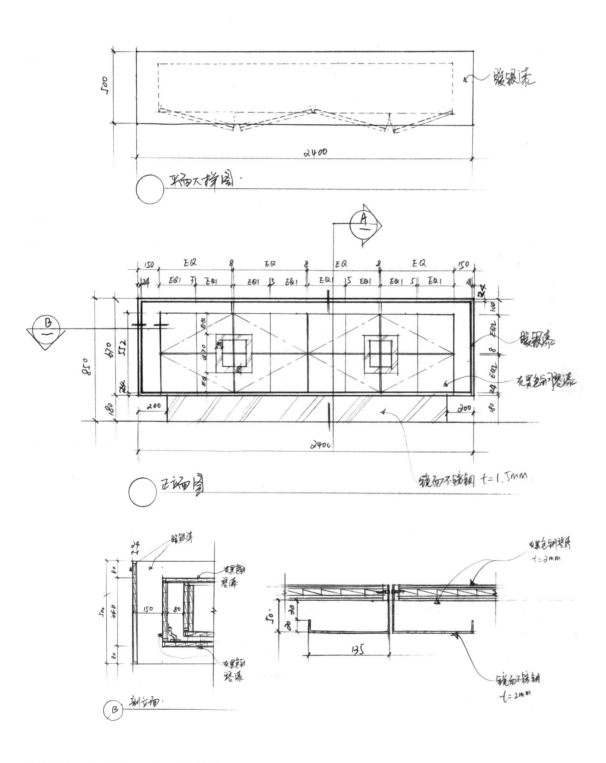

扩初阶段

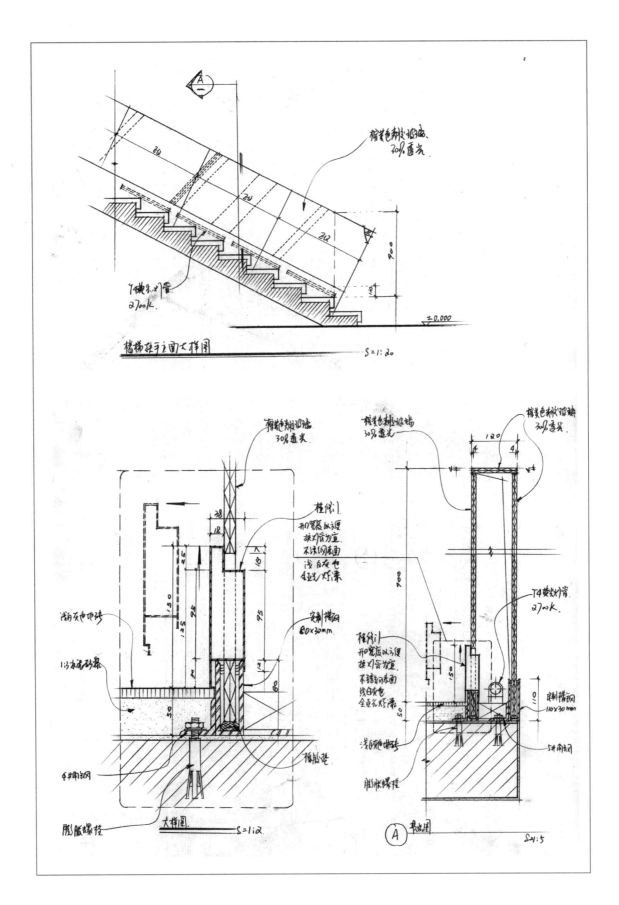

扩初阶段

内容步骤	表述方式
19. 明确其余收油节点的造型尺寸	**19－1.** 编制节点网格图表

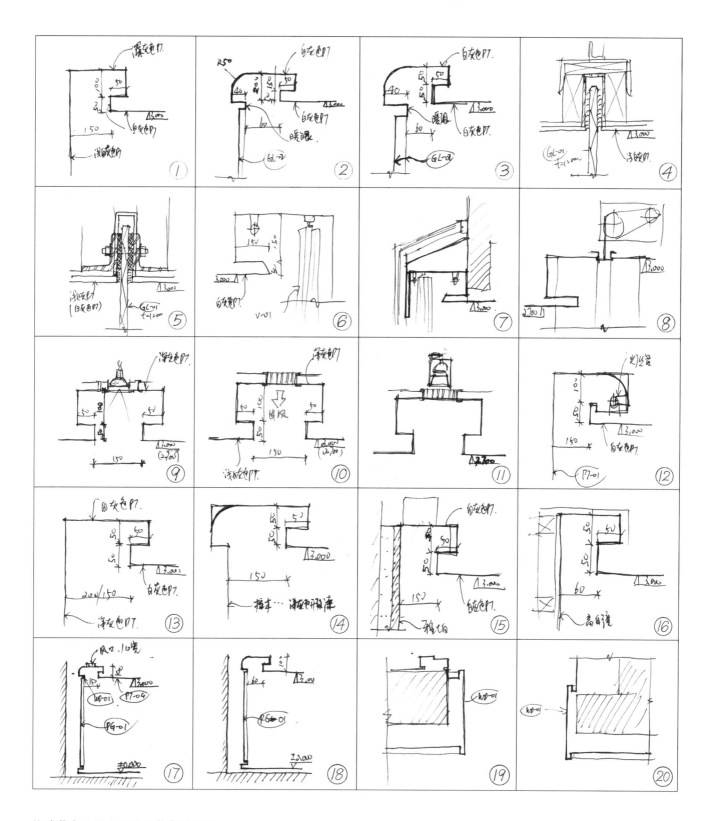

扩初阶段

内容步骤	表述方式
21. 明确空间照明方式及视觉效果	**21-1.** 光源布置方式（剖面、立面、轴测、平面）

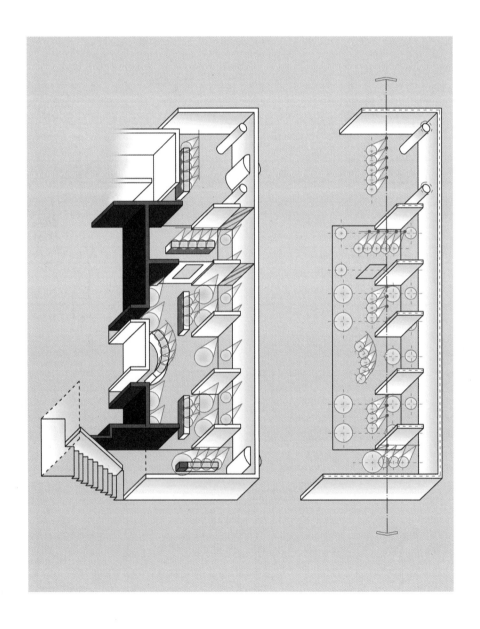

内容步骤	表述方式
21. 明确空间照明方式及视觉效果	**21-2.** 照明效果素描关系图

扩初阶段

内容步骤	表述方式
23. 明确光源配置、计算光源间距，进行照度值选择与推算	**23-1.** 光源投射圈平面照度布置图

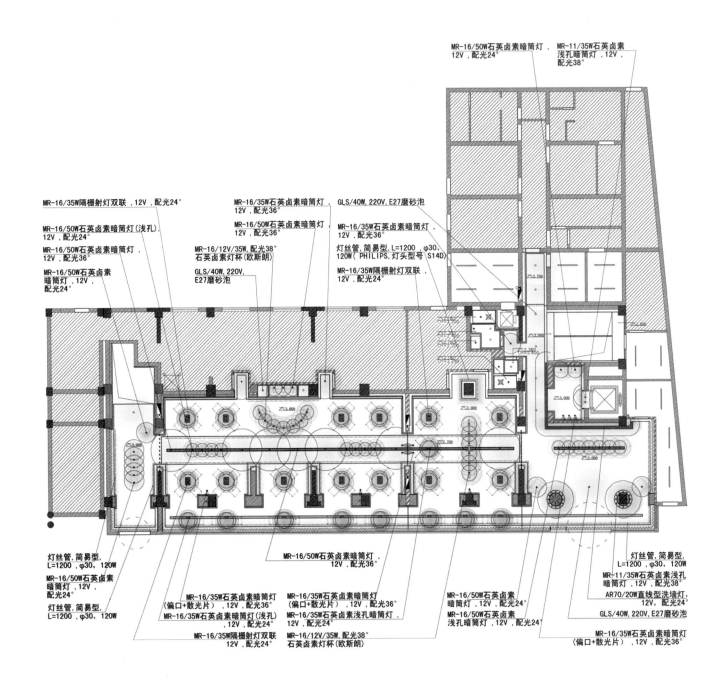

MR-16/50W石英卤素暗筒灯，12V，配光24°

MR-11/35W石英卤素浅孔暗筒灯，12V，配光38°

MR-16/35W隔栅射灯双联，12V，配光24°

MR-16/35W石英卤素暗筒灯，12V，配光36°

GLS/40W, 220V, E27磨砂泡

MR-16/50W石英卤素暗筒灯(浅孔)，12V，配光24°

MR-16/50W石英卤素暗筒灯，12V，配光36°

MR-16/12/35W, 配光38° 石英卤素灯杯(欧斯朗)

MR-16/35W石英卤素暗筒灯，12V，配光36°

MR-16/50W石英卤素暗筒灯，12V，配光36°

GLS/40W, 220V, E27磨砂泡

灯丝管，简易型，L=1200，φ30，120W（PHILIPS，灯头型号 S14D）

MR-16/50W石英卤素暗筒灯，12V，配光24°

MR-16/35W隔栅射灯双联，12V，配光24°

灯丝管，简易型，L=1200，φ30，120W

MR-16/50W石英卤素暗筒灯，12V，配光24°

灯丝管，简易型，L=1200，φ30，120W

MR-16/35W石英卤素暗筒灯（偏口+散光片），12V，配光36°

MR-16/35W石英卤素暗筒灯（浅孔），12V，配光24°

MR-16/35W隔栅射灯双联，12V，配光24°

MR-16/50W石英卤素暗筒灯，12V，配光36°

MR-16/35W石英卤素暗筒灯（偏口+散光片），12V，配光36°

MR-16/35W石英卤素浅孔暗筒灯，12V，配光24°

MR-16/12/35W, 配光38° 石英卤素灯杯(欧斯朗)

MR-16/50W石英卤素暗筒灯，12V，配光24°

MR-16/50W石英卤素浅孔暗筒灯，12V，配光24°

灯丝管，简易型，L=1200，φ30，120W

MR-11/35W石英卤素浅孔暗筒灯，12V，配光38°

AR70/20W直线型洗墙灯，12V，配光24°

GLS/40W, 220V, E27磨砂泡

MR-16/35W石英卤素暗筒灯（偏口+散光片），12V，配光36°

扩初阶段

内容步骤	表述方式
25. 明确光源控照器	**25-1.** 灯光控照器平面平顶布置图

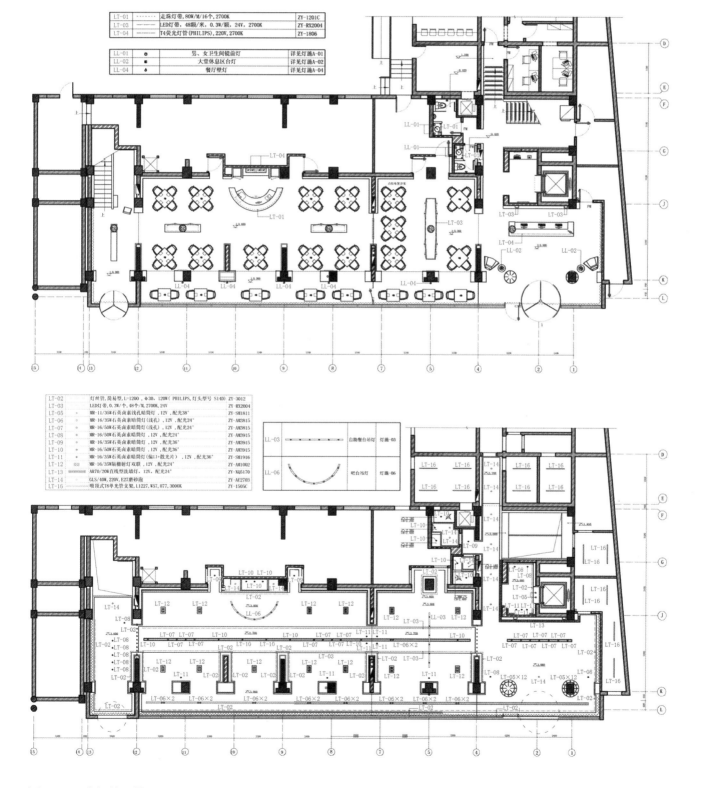

扩初阶段

内容步骤	表述方式
25.明确光源控照器	**25-2.**灯光图表

图　列	编　号	照明描述	品牌型号	造型图列
- - - - - -	LT-01	走珠灯带，80W/M/16个，2700K		♥
——————	LT-02	灯丝管，简易型，L=1200，Φ30，120W（PHILIPS，灯头型号S14D）		
— — — — —	LT-03	LED灯带，0.3W/个，48个/M，2700K，24W		
—·——·——·	LT-04	T4荧光灯管（PHILIPS）220V，2700K		
✦	LT-05	MR=11/35W石英卤素暗筒灯(浅孔)，12V，配光36°		
◎	LT-06	MR=16/35W石英卤素暗筒灯(浅孔)，12V，配光24°		
◉	LT-07	MR=16/50W石英卤素暗筒灯(浅孔)，12V，配光24°		
⊕	LT-08	MR=16/50W石英卤素暗筒灯，12V，配光24°		
◎	LT-09	MR=16/35W石英卤素暗筒灯，12V，配光36°		
⊖	LT-10	MR=16/50W石英卤素暗筒灯，12V，配光36°		
⊕	LT-11	MR=16/35W石英卤素暗筒灯(偏口+反光片)，12V，配光36°		
⊞⊞	LT-12	MR=16/35W双联格栅射灯，12V，配光24°		
⊞⊞⊞⊞⊞	LT-13	AR70/20W直线型洗墙灯，12V，配光24°		
○	LT-14	GLS/40W，220V，E27磨砂泡		
♂	LT-15	MR=16/50W固定式吸顶射灯，12V，配光36°		
———	LT-16	吸顶式T8单光管支架，L1227，W57，H77，3000K		
⊕	LT-17	MR=16/35W石英卤素暗筒灯，12V，配光24°		

内容步骤	表述方式
28. 依据整体空间环境的设计风格，进行陈设色彩、材质、大致形态的比较选择。	**28-1.** 陈设色彩平面配置图

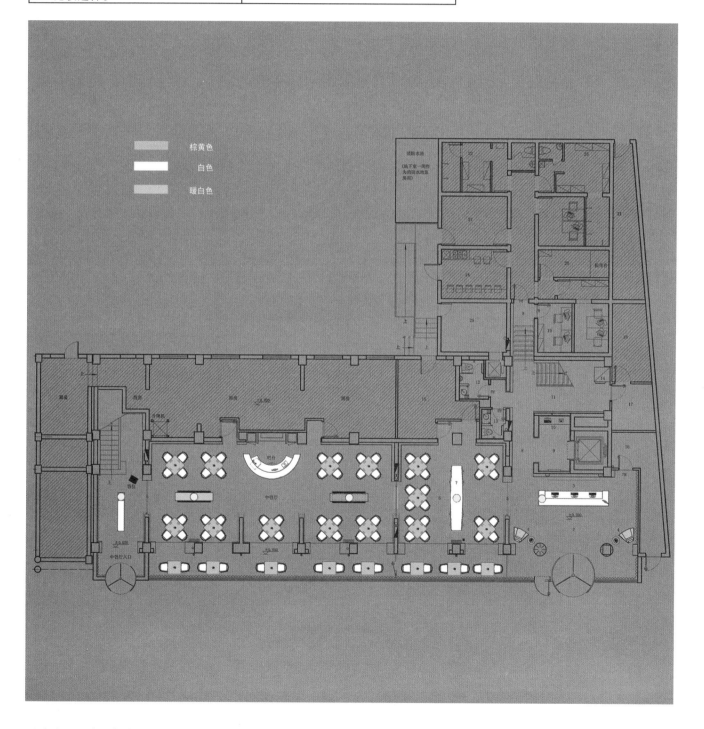

活动陈设 | 陈设色彩 | 陈设色彩平面配置图

扩初阶段

内容步骤	表述方式
29.依据整体空间设计环境，完成所有单体家具的具体陈设，包括家具的尺寸、造型、选材。	**29-1.** 按1:10或1:5比例手绘家具单体设计三视图

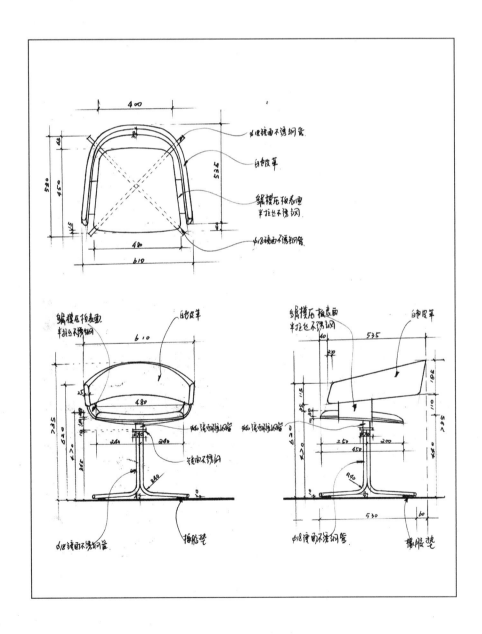

扩初阶段

内容步骤	表述方式
29. 依据整体空间设计环境，完成所有单体家具的具体陈设，包括家具的尺寸、造型、选材。	**29-3.** 家具图表

类别	代号	编号	家具名称	位置	造型图例	数量
沙发椅	SF	1/SF	沙发椅	（PART-A）一层大堂休息区		2
		2/SF	沙发	（PART-C）二层大包房		2
茶几	TT	1/TT	圆形茶几	（PART-A）一层大堂休息区		2
		2/TT	圆形茶几	（PART-C）二层大包房		1
餐桌	DT	1/DT	双人餐桌及桌布	（PART-A）一层餐厅区、（PART-B）一层餐厅区		8
		2/DT	4人餐桌及桌布	（PART-A）一层餐厅区、（PART-B）一层餐厅区		14
		3/DT	6人餐桌及桌布	（PART-C）二层小包房		12
餐椅	DC	1/DC	餐椅	（PART-A）一层餐厅区、（PART-B）一层餐厅区（PART-C）二层包房		158
台子	T	1/T	领位台	（PART-A）一层中餐厅		1

内容步骤	表述方式
30. 依据整体空间环境，完成所有单体灯饰的具体设计，包括灯饰的尺寸、造型、选材、光源。	**30-1.** 按1:10、1:5手绘灯饰设计三视图

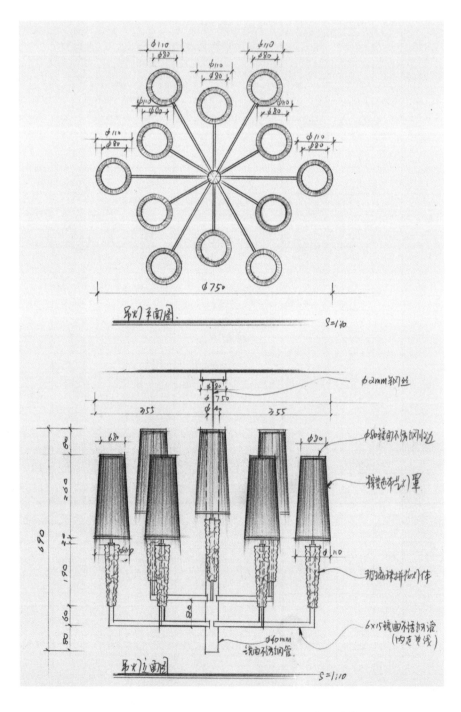

扩初阶段

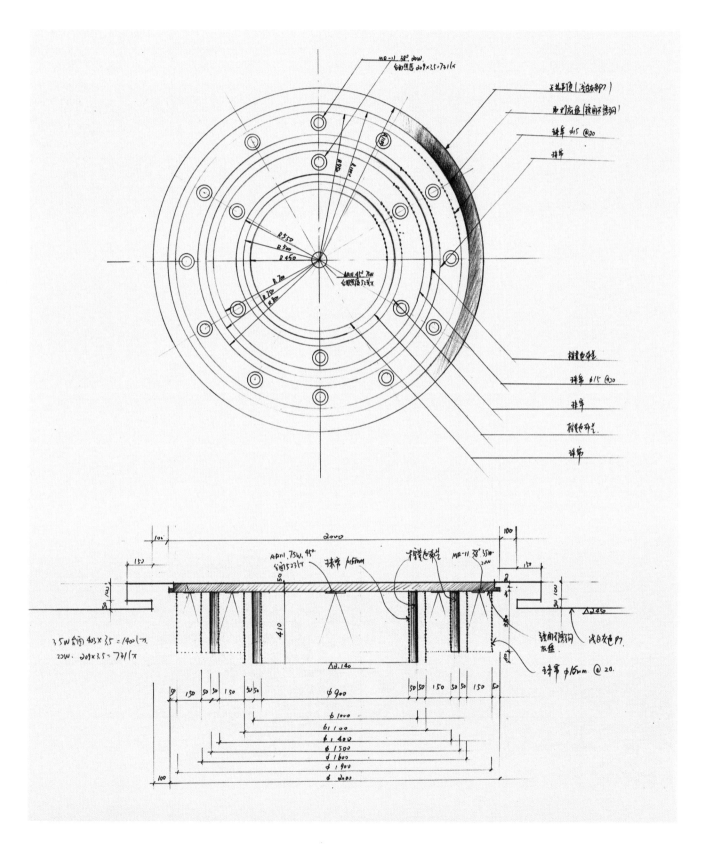

扩初阶段

内容步骤	表述方式
30. 依据整体空间环境，完成所有单体灯饰的具体设计，包括灯饰的尺寸、造型、选材、光源。	**30-3.** 灯饰图表

灯饰图表

	编号		类别		造型图列
□		一层、二层男、女卫生间	镜前灯		详见灯饰-01
▣	LL-02				详见灯饰-02
	LL-03	(PART-A)一层餐厅	吊灯	1	详见灯饰-03
◉					
▨	LL-05		壁灯	4	
◠		(PART-B)一层餐厅吧台上方			
⚬⚬	LL-07	(PART-C)二层走道墙面	壁灯	14	详见灯饰-07
✳			吊灯		详见灯饰-08
◎	LL-09				详见灯饰-09
⊤	LL-10	(PART-C)二层小包房		24	
⊗		(PART-C)二层大包房			
⋄	LL-12		烛台	1	

扩初阶段

内容步骤	表述方式
31. 按整体空间设计环境，完成艺术品、植物、摆件等，包括大致造型、尺寸、选材、色调等。	**31-3.** 陈设品图表

陈设品图表

代号	编号	陈设品名称	位置	造型图列	尺寸	数量
DEC	DEC-01	白花瓶内插白色花	(PART-A) 一层总服务及 (PART-B) 二层大包房餐桌上	500 / 500 950 180	500x950mm	2
	DEC-02	白花瓶内插黄色花	PART-A) / (PART-B) 一层备餐台上	500 / 500 950 180	500x950mm	4
	DEC-03	玻璃瓶（内插中白色花）	(PART-A) 一层餐厅餐台	300	H=300	22
	DEC-04	黑白色调仿真油画	(PART-A) / (PART-B) 一层男卫生间小便斗上	380 380	380x380mm	4
	DEC-05	黑白色调装饰画7字型画框（银色）	(PART-A) 一层餐厅玻璃隔墙上	1000 1100	1000x1100mm	2
	DEC-06	黑白色调无画框	(PART-A) / (PART-B) 一层餐厅镜面上	600 1400	600x1400mm	3
	DEC-07	黑白色调无画框	(PART-A) 一层走道镜面上	550 550	550x550mm	4
	DEC-08	黑白色调无画框	(PART-A) 一层电话、上网台上方	450 450	450x450mm	2
	DEC-09	黑白色调无画框	(PART A) 二层电梯厅墙面上	800 800	800x800mm	3
	DEC-10	黑白色调仿真油画	(PART-C) 二层小包房墙面上	700 900	700x900mm	24
	DEC-11	黑白色调无画框	(PART-C) 二层小包房墙面上	1500 1000	1500x1000mm	12
	DEC-12	黑白色调无画框	(PART-C) 二层大包房墙面上	2000 1350	2000x1350mm	1

活动陈设 Ｉ 陈设品编号 Ｉ 陈设品图标

扩初阶段

陈设品图表（续表）

.	DEC-13	雕塑	(PART-C)二层 走道	H=830mm	1
	DEC-14	黑白色调 无画框	(PART-C)二层 大包房墙面上	500x1000mm	12
	DEC-15	白花瓶内插百 色花	(PART-C)二层 大包房餐桌上	360x700mm	12

内容步骤	表述方式
33. 按空间整体比例推敲各陈设单体之间的构图关系及相互比例搭配	**33-1.** 1:30手绘家具与空间比例剖立面图
	33-2. 1:30手绘灯饰与空间比例剖立面图
	33-3. 1:30手绘陈设配置关系剖立面图

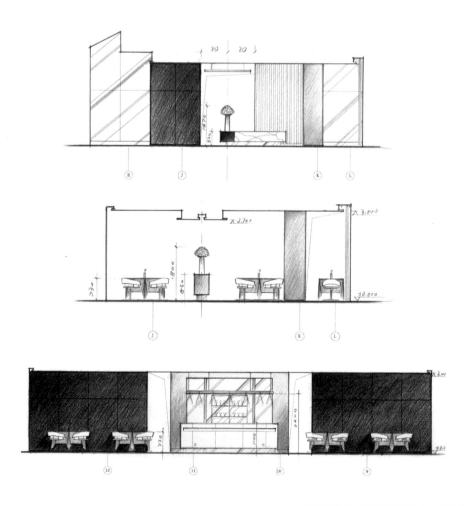

扩初阶段

内容步骤	表述方式
35. 明确陈设品重点照明	**35-1.** 陈设照明定位图

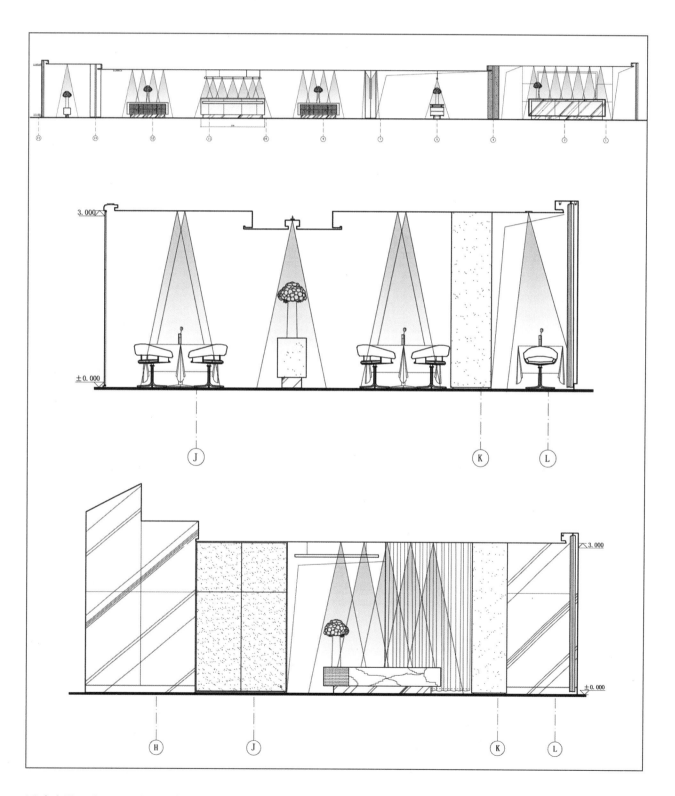

竣工后实景照片

后记

　　本书汇集了"泓叶设计"多年的实践与研究成果。起初的雏形，也不过一、二页纸的内容提纲。为的是培养公司内部的设计人员，所自行创建的一套由概念认识到过程方法的培训教案，旨在快速全面地提升设计师的认识水准与操作能力。最终，历经了十年的研习操练，已提升为较为完备的专业认识与操作方式。其涉及的研究内容，超出了现今一般理论的深度与广度，因此，其中不乏诞生出大量的新概念与新术语。

　　本书中出现的大量实例解析与过程手稿，均是在该理论指导下的"泓叶设计"实验。可以讲，从理论到实践，本书提供的都是一手资料。需要强调的是：读者对本书的运用，应建立在理解的基础上，不宜教条化地生搬硬套，更反对使过程与方法流于形式，不求甚解。同时，本书亦是为具备一定实践阅历的设计师所提供的参考读物，不宜成于室内设计的入门读本。

　　本书的编写，时断时续，并不停地调整与发展。期间，"泓叶"的全体成员，为之付出了不少的心血。在实践这些理论与方法的过程中，他们留下了太多的艰辛与收获……在此，向郑思南、杨越、邹俊波、陈燕妮、戴丽丽、陈佳玲、陈佳君、齐智等致以感谢和敬意。虽然其中的有些成员已离开"泓叶"，但是他们从中所悟获的，以及他们为当下室内设计事业所付出的，将在未来中国的专业发展中得到某种印证。

　　同时，感谢建工出版社的徐纺老师及同仁，因为有了他们坚定的支持与勉励，才得以使本书最终面世。

　　衷心希望本书的出版，对您的设计思考与实践有所帮助。更希望本书对室内设计的发展能带来一点理性的思考，为当下中国室内设计的理论探索，起到一定的推动和普及作用。

　　在此，敬将此书献给"泓叶"十周年生日。

2009年10月中秋夜
叶 铮

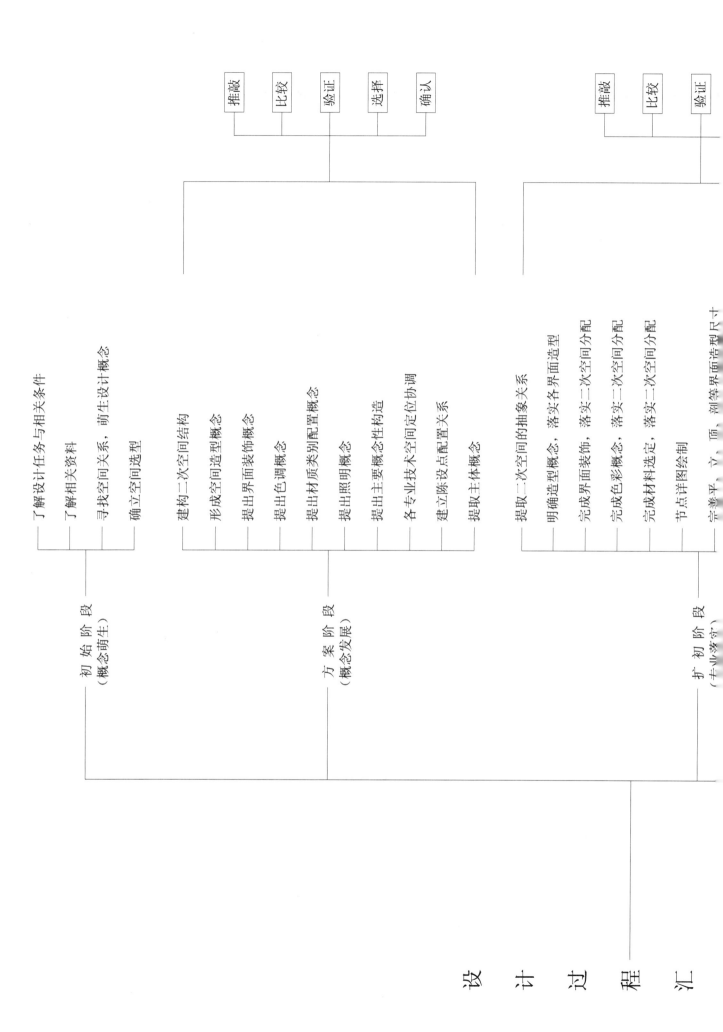

设 计 过 程 汇

初 始 阶 段
（概念萌生）

了解设计任务与相关条件
了解相关资料
寻找空间关系，萌生设计概念
确立空间选型

推敲
比较
验证
选择
确认

方 案 阶 段
（概念发展）

建构二次空间结构
形成空间造型概念
提出界面装饰概念
提出色调概念
提出材质类别配置概念
提出照明概念
提出主要概念性构造
各专业技术空间定位协调
建立陈设点配置关系
提取主体概念

扩 初 阶 段
（专业落实）

提取二次空间的抽象关系
明确造型概念，落实各界面造型
完成界面装饰，落实二次空间分配
完成色彩概念，落实二次空间分配
完成材料选定，落实二次空间分配
节点详图绘制
完善平、立、面、剖等界面造型尺寸

推敲
比较
验证

总表

选择
确认

完成照明方式，落实照明配置与空间分配
完成各相关专业的技术空间定位协调
完成陈设单体设计
完成陈设与空间配置关系
完成主体概念
详见施工图规范《室内建筑工程制图》

原始资料
主体概念
空间结构
空间造型
界面装饰
空间色调
空间材质
构造节点
空间照明
活动陈设
设计日审
未选方案
项目文件
设计图集

施工图阶段（专业制图、现场跟踪）

设计归案（专业总结）

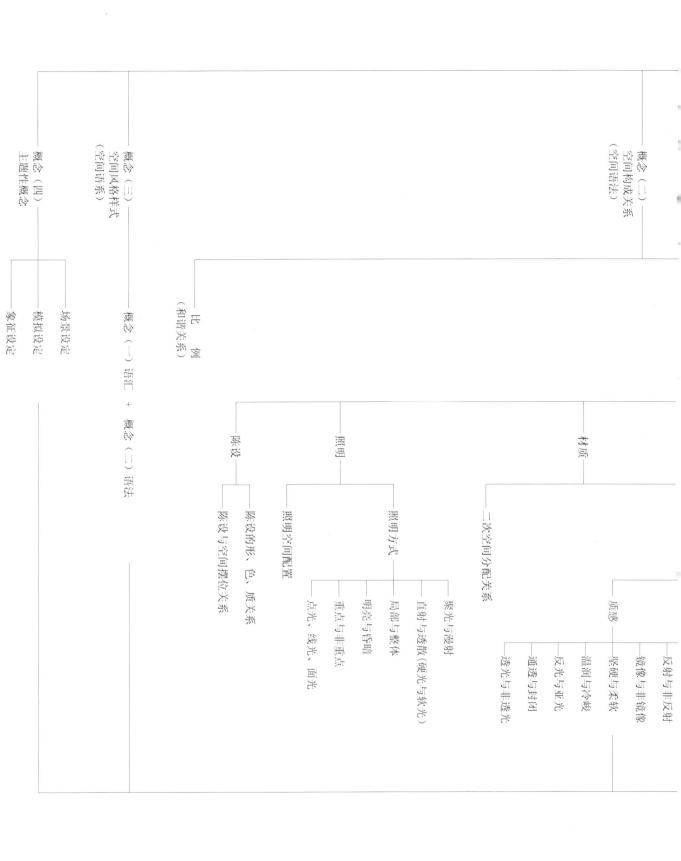

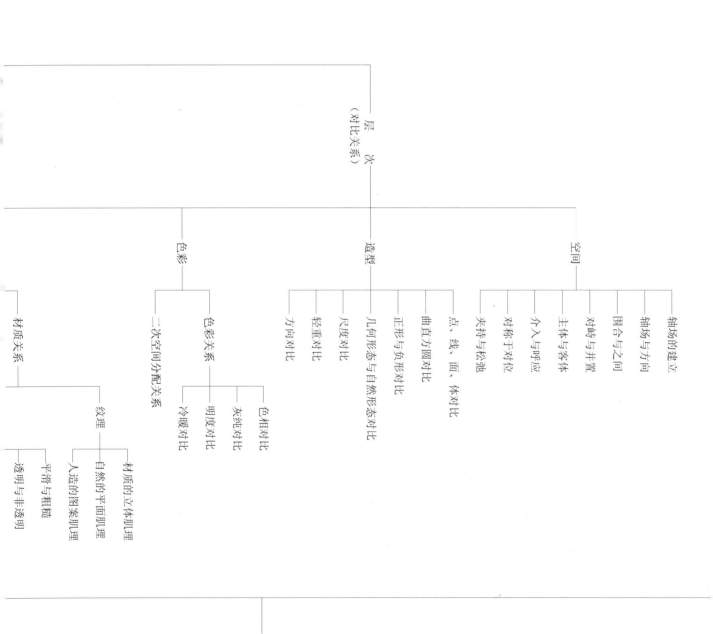

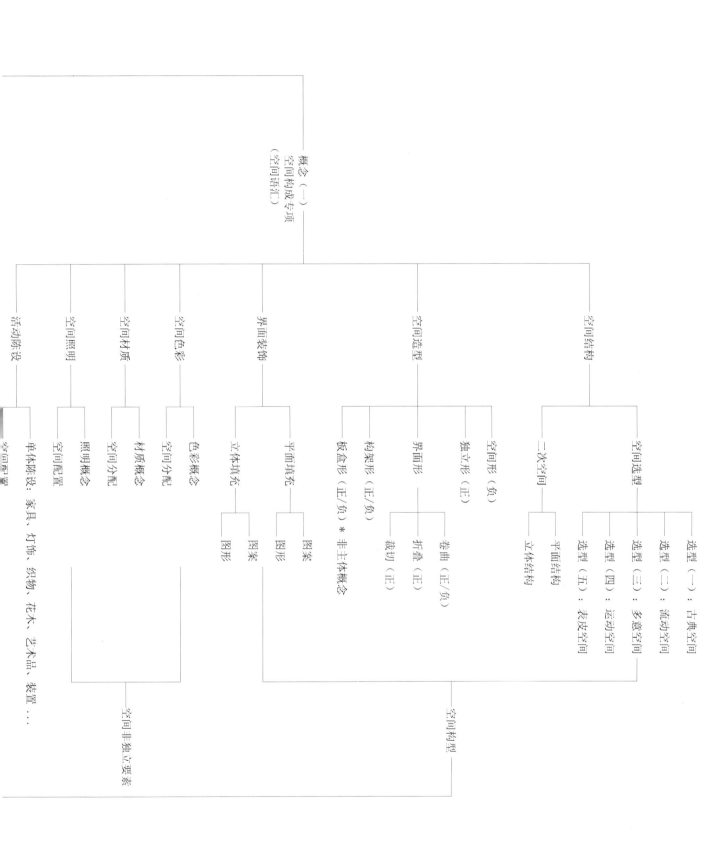

概念（一）
空间构成专项
（空间语汇）

空间结构
- 选型（一）：古典空间
- 选型（二）：流动空间
- 选型（三）：多意空间
- 选型（四）：运动空间
- 选型（五）：表皮空间
- 平面结构
- 立体结构
- 二次空间

空间造型
- 空间形（负）
- 独立形（正）
- 界面形（正/负）
- 构架形（正/负）
- 板盒形（正/负）* 非主体概念
- 卷曲（正/负）
- 折叠（正）
- 裁切（正）

界面装饰
- 立体填充——图形
- 平面填充——图案
- 色彩概念——图案
- —图形

空间色彩
- 色彩概念
- 空间分配

空间材质
- 材质概念
- 空间分配

空间照明
- 照明概念
- 空间配置

活动陈设
- 单体陈设：家具、灯饰、织物、花木、艺术品、装置……
- 空间配置

空间构型

空间非独立要素